KB273466

potato cytogenetics

감자의 유전학

세포유전학을 중심으로

다양한 맛과 색의 신품종 '밸리' 감자들

감자의 유전학
세포유전학을 중심으로

김혜영 지음

책을 펴내며

부모님이 어렵게 마련해주신 비행기표와 그 당시 법적으로 환전할 수 있는 최대금액인 100달러를 가지고 미국으로 건너간 것이 1965년이다. 지도교수 에릭슨 박사가 감자에 대한 책을 보여주며 설명해 준 것이 감자의 학문적 세계에 처음으로 접한 계기가 되었다. 그러니 감자에 발을 들여 놓은 것이 올해로 40년이 된다. 학위가 끝난 후 남편을 따라 메디슨에 있는 위스콘신대학으로 갔을 때, 다행히 원예학과에서 감자의 세포유전학을 연구할 수 있는 박사후연구원 자리가 있어 1976년 가을에 귀국할 때까지 부담 없이 자유로운 연구생활을 할 수 있었다.

박사후 시절에는 감자의 재배와 관리를 도와주는 분들이 있었기에 설계와 연구만 하면 되었고 그런 도움을 당연한 것으로 생각했다. 그러나 귀국해서는 연구 재료도 없고, 재배할 온실도 없고, 포장도 없고, 설사 있다 해도 혼자 힘으로 하자니 잘 해낼 자신이 없어 막막하기만 했다. 연구를 포기해야 할지도 모른다는 생각이 들었다. 그러나 절망하긴 일렀다. 농촌진흥청 원예연구소 감자과의 한병희 과장님을 비롯한 모든 직원들이 연구를 함께하는데 동의하고 적극 협력하여 주셨다. 감자과가 대관령의 고령지농업연구소로 옮긴 후에도 이분들의 도움은 계속되었다. 그때부터 지금까지 이분들의 배려와 협력이 없었다면 감자와의 인연은 이어지기 어려웠을 것이다.

대개 대학에 몸담고 있으면 여러 작물에 대해 연구를 하는 것이 통례이나 워낙, 주변머리 없고 용기도 없어 다른 것에 눈을 돌리지도 못하고 감자만 붙들고 40년을 지낸 셈이다.

강산이 네 번이 바뀌는 세월동안 감자유전에 대해서만 연구했는데, 막상 감자의 유전에 관하여 책을 쓰려고 문헌을 뒤져보니, 내가 알고 있는 것은 해변 모래밭의 한 톨의 모래알갱이에 지나지 않다는 것을 다시 한번 절감하게 되었다. 아는 것은 고사하고 공부해가면서 쓰려고 해도 나의 실력만으로는 불가능하다는 한계를 느끼게 되었다. 그동안 출판된 감자유전에 관한 책들이 대개 여러 사람의 원고를 합하여 편집된 것들이고 보면 나의 욕심이 과하였다는 것을 알게 되었다. 이렇게 방대한 학문영역이라는 것을 이제 연구생활을 접으면서 깨닫게 된 셈이다. 은퇴한다는 것을 실감하지 못하고 너무 늦게 시작을 하여 많은 공부도 하지 못하였다. 이왕 하려고 마음을 작정하였기에 학교생활을 마무리하며 쓰는 졸업논문이라 생각하고 이 책을 여러분 앞에 내놓는다.

많은 분들의 도움과 배려로 77년 봄부터 동국대학교에 몸담게

되어 은퇴하는 지금까지 28년을 무탈하게 지낼 수 있었음을 무한히 감사하게 생각한다. 그 동안 활력 있고 즐거운 학교생활을 할 수 있었던 것은 가족보다 더 많은 시간을 함께 한 생물학과의 여러 교수님들이 있었기에 가능하였다. 생물학과의 사랑하는 학생들은 지난 28년 동안 나에게 젊음과 기쁨과 생의 보람을 갖게 해준 가장 큰 스승이라고 할 수 있다. 학생들이 있었기에 공부하는 마음을 갖고 노력하며 살 수 있었다고 생각한다.

지금은 이 세상을 떠나셨지만 어려운 시절에 대학원까지 공부 시켜주시고 용기를 주신 부모님과 형제가 있었기에 지금의 내가 가능했다. 공부나 연구에나 별로 뛰어난 것도 없는 대학 시절부터 세포유전학이라는 학문으로 인도하여 주신 허문회 교수님께 감사하는 마음이다. 가정보다 직장에 더 매달릴 때도 이해해주고 용기를 갖도록 도와준 남편 이광우 박사와 아들 수현과 딸 미현에게 늘 미안한 마음과 감사한 마음이 함께 했었음을 이 자리를 빌려 전한다.

2005년 9월 2일

김혜영

차 례

들어가며

감자를 공부하였으나 학교에서 하는 유전학 강의에서는 감자의 유전에 대해서는 얘기할 기회가 없었고 유전학이나 식물 육종학 책에도 감자의 유전에 대해서는 거의 논의 되고 있지 않다. 유전의 기본은 감자도 다른 모든 작물과 마찬가지로 기초가 되나, 다른 작물에서는 잘 논의 되지 않는 감자의 독특한 유전적 특성을 소개하는데 이 책의 목적을 두었기에 감자의 유전학에 관한 극히 일부만을 언급하였다.

감자의 육종은 전통적인 교배선발이 주를 이루었으며 현재 재배되고 있는 대부분의 품종이 이 방법으로 육종된 것이다. 그러나 재배품종만으로는 다양성이 부족하여 야생종의 다양한 유전자원을 재배종으로 도입하는 것이 바람직한 방법이 되었다. 야생종을 이용하기 위해서는 감자의 유전적 기작을 이해하는 것이 중요하므로 단위생식유도, 2n배우자 생성기작, 교배 화합성 기작에 관하여 심도 있게 연구되었다. 최근에는 야생종의 특정유전자만을 재배품종으로 도입하기 위하여 감자의 세포유전학과 분자유전학을 접목하여 생명공학적 방법으로 육종을 시도하고 있다. 생명공학적으로 이용되기 위하여 유전, 세포유전, 분자유전의 기초연구가 뒷받침이 된 것은 언급할 필요도 없고 앞으로도 기초기작에 관한 연구는 계속될 것이다. 감자는 교배로 종자형성도 잘 되면서 영양 번식을 하는 작물이므로 유전공학적으로 만들어진 클론을 급속 증식하여 직접 사용이 가능하다. 따라서 최근에는 유용물질을 생산할 수 있는 유전자를 감자에 형질전환시켜, 유용물질을 생산할 수 있는 감자를 만드는 연구도 수행하고 있다. 이는 감자가 가지고 있는 특성 때문에 가능하다.

최근에 감자의 조직배양을 이용한 많은 연구가 진행되고 있으나, 조직 배양 중 변이에 관한 것과 1배체에 관해서만 논하였다. 형질전환에 관한 것도 논하고 싶었으나 생략하였다. 4배체성 유전에 관해서도 좀더 심도 있게 논하지 못한 것이 아쉬우나 이에 관한 저서는 많이 있으므로 이들을 참고 하면 될 것 같다. 최근에 보고 된 병과 해충의 저항성과 내 재해성에 관한 논문이 많으나 그중 극히 일부만을 소개하였다. 1994년에 CAB International에서 출판한 *Potato Genetics*(Bradshaw와 Mackay 편집)에서 많은 것을 참고로 하였다. 원고가 상당부분 탈고 된 후에 Genetic Improvement of Solanaceous Crops. 1권 *Potato*(M.K. Razdan 과 A.K. Mattoo 편집, Science Publisher, Inc)가 출판되었기에 이를 참고로 하지 못한 것이 아쉽다.

　작물의 유전 육종에 뜻을 둔 대학원생이나 연구원을 염두에 두
고 썼으므로 유전의 기초 지식에 대한 자세한 설명은 생략하였다.
감자의 육종이나 유전을 연구하는 분은 물론이고 타 작물을 연구
하는 분들에게도 도움이 되길 바라는 마음이다. 감자에서 일어나
는 유전현상들이 타 작물에서도 일어나지만 주의를 기울이지 않
아 연구되지 않았을 가능성이 있기에 감자의 유전 현상을 참고하
는 것이 도움이 될 수도 있을 것이라고 생각한다.

　전문용어를 영어로 사용하는 것이 익숙하긴 하나 국문으로 번
역된 것은 무리가 없는 한 국문을 사용하였고 혼동을 줄이기 위하
여 본문에서 사용한 영문은 국문으로 국문은 영문으로 번역하여
부록으로 첨부하였다. 색인은 국문으로 할 수 있는 것은 될 수 있
는대로 국문으로 하고자 하였다. 원고를 읽고 폭넓고 조리 있는
조언을 주신 김강권 박사님과 모든 원고를 꼼꼼히 읽고 고쳐주신
목일진 박사님께 감사드린다. 아름다운 사진을 흔쾌히 사용하도
록 허락해 주신 임학태 박사님에게 감사드리며, 사진 재료를 보내
주신 조현묵 박사와 박영은 박사와 최신 논문 자료수집과 표 작성
에 도움을 준 홍지연양에게 감사하는 마음이다.

　은퇴를 8개월 앞두고 책을 쓰려고 결정하고 시작을 하였으니

준비는 물론 공부도 충분히 하지 못하고 책을 마무리 하여야 했기에 발간하기에는 너무나 부족하다는 것을 알면서도 염치없이 인쇄까지 하게 되었다. 그럼에도 불구하고 출판할 수 있도록 도와주신 지오북의 황영심 사장에게 감사하는 마음이다. 이 책은 부족하나 앞으로 감자유전에 종사하는 분들이 좀더 충실하고 심도 있는 책을 발간해 주시길 바란다.

감자는 영양번식을 하며 조직배양도 잘 되고 자가수정도, 타가수정도 잘 되며 괴경도, 꽃도 아름다워 연구하기에 매력 있고 사랑스러운 작물일 뿐만 아니라, 인류의 문화 발달에 곡류 못지않게 큰 기여를 한 작물이므로 더 많은 분들이 감자에 관심을 갖고 연구해주기를 바란다.

재배감자의 근원과 근연야생종

1. 배수체의 진화
2. 재배종과 근연종

감자의 원산지 (페루의 쿠스코)

감자는 인류의 식량으로 쌀, 밀, 옥수수 다음으로 중요한 작물이다. 고고학적 방사선 추적으로 7,000년 전에 이미 감자가 재배되었다는 사실을 밝힐 수 있었으나 아마 이보다 더 이른 시기부터 재배되었을 것으로 추정된다.

그후 3,500~4,500년 전에 감자가 경작되었다는 사실이 무덤이나 쓰레기더미, 음식 저장물의 연구에서 증명되었다. 유럽으로의 도입은 두 경로를 통하여 이루어졌는데 하나는 1570년경 스페인으로, 다른 하나는 1590년경 영국인 것으로 알려져 있다. 초기에 도입된 감자는 안데스 지역의 단일(短日)적응 감자였기 때문에 12월과 1월에 서리가 없고 괴경의 형성이 가능한 남쪽 스페인과 이탈리아에서 재배되었을 것이라고 추정된다.

이들 초기에 도입된 감자는 안데스가 기원인 4배체 *S. tuberosum* L. ssp. *andigena* Hawkes로 유럽의 장일(長日) 여름에 괴경을 형성하도록 적응되고 선발되는 데 상당히 오랜 시간이 걸렸으며 18, 19세기에야 중, 동부 유럽에서 장일에 적응된 감자가 널리 경작 재배되었다. 인도와 중국에는 17세기에 영국 선교사에 의해 전달되었고 일본으로 전달되었을 것이라 한다(Hawkes 1994). 한국에는 순조 24년(1824년)에 감자가 만주 간도지방으로부터 두만강을 건너 도입되었다고 이규경의 『오주연문장전산고(五洲衍文長箋散稿)』에 기록되어 있으나, 처음에 북저, 토감저, 북방감저라고 불렀던 감자는 1824년 이전에 이미 우리나라에 들어왔을 것으로

표 1-1 재배감자와 중요한 야생감자와 근연야생종의 분류, 배수성($1x$=12), EBN번호와 근원 (Hawkes 1994, Bamberg 등 1994).

Subsections and series	염색체수(x=12)에 따른 종(EBN)					기원
	2x(EBN)	3x(EBN)	4x(EBN)	5x(EBN)	6x(EBN)	
Subsection Estolonifera **Series**						
1. Etuberosa	S. brevidens (1) S. etuberosum (1)					S. Am S. Am
2. Juglandifolia	S. lycopersicoides					
Subsection Potatoe **Series**						
1. Morelliformia	S. morelliforme					Mex
2. Bulbocastana	S. bulbocastanum(1) S. clarum	S. bulbocastanum ( )				Mex GTM,. M
3. Pinnatisecta	S. brachistotrichum (1) S. cardiophyllum (1) S. jamesii (1) S. pinnatisectum (1) S. trifidum (1)	S. cardiophyllum ( ) S. jamesii ( )				Mex Mex U.S. Mex Mex
4. Ployadenia	S. ployadenium (?) S. listeri (?)					Mex Mex
5. Commersoniana	S. commersonii (1)	S. commersonii ( )				S. Am
6. Circaeifolia	S. capsicibaccatum (1) S. circaeifolium (1)					S. Am S. Am
7. Lignicaulia	S. lignicaule (1)					S. Am
8. Olmosiana	S. olmosense					
9. Yungasensa	S. chacoense (2) S. tarijense (2) S. yungasense (?)					S. Am S. Am
10. Megistacroloba	S. boliviense (2) S. megistacrolobum (2) S. sanctae-rosae (2) S. toralapanum (?)					S. Am S. Am S. Am
11. Cuneoalata	S. infundibuliforme (2)					S. Am
12. Conicibaccata	S. chomatophilum (2) S. santolallae ( ) S. violaceimarmoratum (2)		S. colombianum (2) S. agrimonifolium (2) S. longiconicum ( ) S. oxycarpum (2)		S. moscoparnum (4)	S. Am S. Am S. Am Mex Mex
13. Piurana	S. piurae (2)		S. tuquerrense (2)			S. Am
14. Ingifolia	S. ingifolium (?)					
15. Maglia	S. maglia (?) S. spegazzinii (2) S. vernei (2) S. verrucosum (2)	S. maglia ( )	S. sucrense (4)			S. Am S. Am S. Am Mex
16. Tuberosa (cultivated)	S. × ajanhuiri S. phureja (2) S. stenotomum (2) S. × chauncha S. × juzepczukir		S. tuberosum subsp. tuberosum (4) S. tuberosum subsp. andigena (4)	S. × curtilobum (4)		S. Am S. Am
17. Acaulia			S. acaule (2)		S. albicans (4)	S. Am
18. Longipedicellata		S. × vallis-mexici	S. fendleri (2) S. hjertingii (2) S. papila (2) S. polytrichon (2) S. stoloniferum (2)	S. × semidemissum S. × eoinense		Mex Mex Mex Mex Mex S.Am, M(
19. Demissa					S. brachysarpum (4) S. demissum (4) S. guerreroense (4) S. hougasii (4) S. Iopetalum (4) S. schenckii (4)	Mex Mex Mex Mex Mex Mex

유추할 수 있다(김영기 1998).

재배감자가 속해 있는 *Solanum*속에는 2,000종류 이상의 종 (species)이 있고 극지를 제외한 대부분의 지역에 분포되어 있으며 중남미에 특히 종의 다양성이 크다. 재배되고 있는 감자에는 *S. tuberosum* 외에 7종이 있고, 228종의 감자 근연야생종이 알려져 있으며 이중 154종의 야생종이 괴경을 형성하고 그 외의 것들은 대개 괴경을 형성하지 못한다.

야생종 감자들의 연관성을 이해하기 위하여 Hawkes가 설명한 분류을 열거해보면 다음과 같다. *Solanum*속(屬, genus) 아래 아속(亞屬, subgenus) Potatoe 내의 절(節, section) Petota에는 두 개의 아절(亞節, subsection) Potatoe와 Estolinifera가 있고 그중 아절(亞節) Estolinifera는 괴경을 형성하지 않으며 이에는 2개의 열(列, series) Etuberosa와 Juglandifolia가 있다. 이중 Etuberosa의 종들은 괴경형성 종들과 교배되어 육종 재료로 사용되기도 한다. Juglandifolia는 *Solanum*속보다는 토마토, *Lycopersicon*속에 더 가깝다고 볼 수 있다.

아절 Potatoe에는 19개의 열(列, series)이 있고 모두 괴경을 형성한다. 이 야생종들은 3,000~4,500m 이상의 고위도(高緯度) 지역, 온대우림지역, 준 사막지역, 해안지역까지 다양한 환경의 지역에 분포되어 있으며 내충, 내병, 환경 적응성 등의 특성을 갖고 있는 것들이 많아 감자육종의 재료로 다양하게 이용되고 있다 (Hawkes 1978, 1994). 이에 반해 재배되고 있는 감자는 유전적 배경이 좁아 병, 해충이나 환경변화에 적응력이 매우 약하므로 이

들 다양한 지역의 야생종을 적절히 이용하여 육종의 효율을 크게
늘릴 수 있다.

Genus(속, 屬) Solanum
 Subgenus(아속, 亞屬) Potatoe
  Section(절, 節) Petota
   Subsection(아절, 亞節) Estolinifera
    series(열, 列) Etuberosa
    series(열, 列) Juglandifolia
   Subsection(아절, 亞節) Potatoe
    series(열, 列) 19종류(표 1-1참조)

야생감자는 멕시코에서 먼저 진화되었고, Panama isthmus가
형성된 약 350만년 전인 선신세기(Pliocene)에 남미로 이동되었을
것으로 추정한다. 감자의 근연야생종들은 남미 특히 페루, 볼리비
아의 안데스 산맥 근처에 많이 있으며 이들 중에서 재배되고 있는
감자가 유래했을 것이라는 설이 있다.

특히 2배체 재배감자의 기원지는 남으로는 아르헨티나 북부에
서 북으로는 베네수엘라까지 2,100~4,600m 고도의 남미 안데스
산맥으로 추정된다. 아메리카 대륙(북미, 중미, 남미) 이외의 지역에
서는 야생감자가 없는 것으로 간주되고 있다.

멕시코와 중미에도 야생종들이 많이 있으나 여기에서 재배종이
유래되지는 않은 것으로 간주되고 있다(Hawkes 1978). 그러나 중
미의 종들이 육종의 재료로는 잘 이용되었다. 예를 들면 멕시코가
원산지인 *Solanum demissum*(2n=6x=72)은 역병에 저항성이 강

하여 과거 100년 동안 미국과 유럽에서 역병의 저항성 육종을 위해 사용되었다. 유럽에서 재배되는 595품종 중 191품종이 *S. demissum*의 유전자를 포함하고 있다(Schmiediche 1992).

1. 배수체의 진화

Bukasov와 Juzepczuk 등 러시아 학자들은 1925년부터 1933년 사이에 멕시코와 남미를 탐험하며 여러 종류의 야생 및 재배감자를 수집하여 형태적, 세포학적으로 연구하여, 재배되는 괴경형성 *Solanum*의 기본 염색체 수는 12개라는 것을 규명하였다.

감자 근연야생종의 염색체 수는 다양하여 2배체($2n=2x=24$)뿐 아니라 3배체($2n=3x=36$), 4배체($2n=4x=48$), 5배체($2n=5x=60$)와 6배체($2n=6x=72$)들이 있고 이중 70% 이상이 2배체인 것으로 알려졌다. $2n$은 체세포(體細胞) 염색체의 수이고 x는 기본 게놈의 배수를 의미한다. 인공적으로는 8배체($2n=8x=96$)도 생산할 수 있었다.

*Solanum*속의 절(section) Petota에는 2배체에서 6배체까지 모든 배수성이 다 관찰되었다. 염색체 수가 확인된 183종을 보면 2배체가 136종(74%)으로 대부분을 차지하고, 3배체 7종(4%), 4배체 27종(15%), 5배체 3종(2%), 6배체 10종(5%)이 있다. 21개의 열(series) 중 15열(列)이 주로 2배체이며 6열이 다배체를 포함하며

이중 3열(Acaulia, Longipedicellata와 Demissa)에서만 2배체 종이 없다(표 1-1). 대부분의 재배종이 속해 있는 Tuberosa 열에서도 대부분의 종(83종 중 69종)이 2배체이다(Hawkes 1990).

배수성은 고등생물의 진화에 관여하는 중요한 기작 중의 하나이다. 멕시코와 남미의 여러 곳의 2배체 종들 대부분에서 2n 화분(花粉)을 생산하는 계통이 있는 것으로 보고되었고 이러한 2n 배우자가 감자의 배수성 진화에 관계할지도 모른다는 추측을 하였다(Quinn 등. 1974). 배수성으로 되는 데는 두 가지 유형을 들 수 있다.

체세포 염색체의 배가에 의한 무성적 다배체화(asexual polyploidization, 無性的 多倍體化)과 2n 배우자에 의한 유성적 다배체화(sexual polyploidization, 有性的 多倍體化)이다(Iwanaga와 Peloquin 1982). 둘 다 염색체 수를 배가시키지만 유형에 따라 형성된 배수체의 생장력과 환경 적응성에 유전적으로 차이가 있으며, 2n 배우자에 의해 유성적으로 다배체화한 것이 훨씬 유리하다는 이론이 지배적이다(Camadro와 Peloquin 1980).

동질4배체(autotetraploid)인 재배감자 *S. tuberosum*이 속해 있는 괴경형성 *Solanum*에서 다배체화는 종분화에 지대한 영향을 준다. Hawkes(1979)에 의하면 초기 재배감자인 4배체 *S. tuberosum* Group Andigena의 기원은 재배되는 2배체 *S. tuberosum* Group Stenotomum과 야생종 2배체 *S. sparsipilum*이라 하였다. 2n 배우자는 재배되고 있는 4배체와 이의 조상 종들이 포함된 Tuberosa 열(serie) 내의 2배체, 3배체, 4배체 거의 모든 종에서 만들어진다.

2n 배우자의 형성과 이의 세포학적 근거와 유전적 결과에 관한 연구로 유성적 다배체화가 유력한 진화과정의 기작으로 간주되고 있다(Iwanaga와 Peloquin 1982). 4배체 재배종의 진화가 2n 배우자에 의한 것이라고 할 경우 어느 기작에 의하여 만들어진 것인가를 연구하고자 Iwanaga와 Peloquin(1982)은 재배품종 63종류의 *ps* 유전자좌(2장 –2의 소포자 형성과정의 돌연변이 참조)의 빈도에 대하여 조사하였다. 만일 재배감자의 진화에 *psps*의 2배체에 의한 2n 배우자가 관여하였다면 재배감자에서 높은 빈도의 *ps*유전자가 있을 것이라는 가정에서 시작하였다. 재배감자에서 이의 기원인 2배체군집에서 보다 더 높은 *ps*의 빈도를 나타내었다.

이 결과로 재배감자의 진화에 참여한 식물은 *ps* 열성동형접합자(*psps*)에 의해 2n 배우자를 만드는 식물이었을 것이라고 강조하였다(Watanabe와 Peloquin 1989).

야생종 다배체의 진화경로는 어떠한가? 자식성(自殖性)인 2배체성 4배체(disomic tetraploid)는 이와는 다른 경로로 진화된 것으로, 둘 혹은 그 이상의 다른 종류의 2배체 게놈이 관여되었을 것으로 추측하고 있다(Hawkes 1990, Watanabe와 Orrillo 1994).

2배체성 4배체는 4배체이나 제1 감수분열기의 염색체 접합에서 2가 염색체(bivalent)를 형성하며 유전적으로 이질배수체와 같은 특성을 지니며, 4배체성 4배체(tetrasomic tetraploid)는 제1 감수분열기에 염색체 접합에서 4가 염색체(quadrivalent)를 형성하며 유전적으로 동질 4배체와 같은 특성을 지닌다.

4배체, 6배체의 *S. acaule*, 4배체의 *S. stoloniferum*, 6배체의 *S. demissum* 등 일부의 다배체종들은 자식성(自殖性, autogamous)이며 2배체성(disomic) 유전을 한다. 이 종들은 소포자 형성기에 주로 2가 염색체를 형성하고 multivalent(다가 염색체)는 보기 어렵다. 이에 근거하여 2배체성 다배체(disomic polyploid)로 알려져 있다(Dvorak 1983, Watanabe 등 1994). Watanabe와 Orrillo(1994)는 야생종 중 4배체종 *S. agrimonifolium*, *S. colombianum*, *S. fendleri*, *S. oxycarpum*, *S. paucijugum*, *S. tuquerrense*와 6배체 종 *S. brachycarpum*, *S. guerreroense*, *S. iopetalum*, *S. tendalomense*의 감수분열기의 대합을 조사하였다. 4배체에서는 모든 종들이 평균 23.5~23.8%의 2가 염색체를 구성하였고 6배체에서는 평균 35.5~35.7%의 2가 염색체를 구성하였다. 따라서 이들도 모두 2배체성 다배체로 분류할 수 있었다. 이러한 2배체성 다배체 종에서는 2n 화분은 아주 드물게 발견된다고 하였다(Nijs와 Peloquin 1977).

Watanabe와 Peloquin(1991)은 $2x$, $4x$, $6x$의 야생종들의 2n 배우자 형성여부를 조사하여 배수체간과 다배체간의 2n형성의 유형을 살펴 다배체 형성과정을 파악하고자 하였다. 조사한 2배체 21종 중에서 17종에서 2n 화분을 생산하는 식물이 있었고, 4배체 12종과 6배체 5종에서는 모두 2n 화분을 생산하는 식물을 발견할 수 있었다. 2n 화분 생산식물의 빈도는 같은 배수성이라도 종에 따라 차이가 있었다. 2배체와 이들과 관련된 자식성의 2배체성 4배체 간에는 2n 화분 생산 식물의 빈도에 차이가 없었다. 두 게놈 중에 2n 배우자의 생산과 관련된 유전자는 *psps*이고 이의 대립유전자 *PsPs*는 2n 배우자 생산을 하지 않지만 *ps*는 그 집단(poluplation)에 계속 남아 있을 것이다(Watanabe와 Peloquin 1991). 그러므로 2배체성 4배체와 2n 생산 2배체와의 교배에서 드물지만 2n 화분 생산개체가 나올 수 있을 것이다.

자식성 다배체에서 2배체성 유전을 하면 homoeologous(동위염색체)간의 고정된 잡종강세(heterosis)가 유지되는 이로운 점이 있고 자식성에서는 2n 배우자는 EBN(endosperm balance number, 제2장 3에 자세한 설명이 있음)의 불균형으로 인해 임성이 떨어지는 영향이 있을 것이다.

그러나 *S. tuberosum* Gp Andigena와 *S. gourlayi*(4x) 같은 타가수정, 4배체성 4배체에서는 높은 2n 화분 형성을 볼 수 있었다(Watanabe 1988). 재배종과 관련된 2배체종과 타식성의 4배체성 4배체간에 2n 화분을 생산하는 식물의 빈도에 차이를 볼 수 있었다. 2x에서는 20%인 데 반하여 4x에서는 50%였다. 그러므로 괴경형성 *Solanum*에서의 타식성의 4배체성 4배체는 유성적 다배체화에 의한 것이라는 것을 확인할 수 있었다(Watanabe와 Peloquin 1991).

감자근연종의 배수체를 논할 때 이질배수체(allopolyploid)나 동질배수체(autopolyploid)보다는 2배체성 배수체(polyploid), 4배체성 배수체(tetrasomic polyploid)라는 용어를 많이 쓰는데, 그 이유는 배수성의 괴경형성 *Solanum*종들의 2배체의 기원이 무엇인지 아직 확실히 규명되지 않았기 때문이다.

감자종은 다양한 속인 *Solanum*에 속해 있지만 실제로 감자의 근연종들은 이 넓은 지구상에서 아메리카 대륙에만 국한되어 야생으로 존재한다. 특히 재배종들은 남미의 안데스 지역과 칠레의 낮은 지역에만 분포되어 있어, 위도가 높거나 고도가 높아 서늘한 기후에 적응된 종들인 것을 알 수 있다. 감자의 재배종이 7종 있으며, 2배체부터 5배체까지 다양한 배수성이 있다. 이 가운데의 일부는 서로 비슷한 점이 많아 *S. tuberosum*의 그룹으로 분류하기도 한다. 재배감자의 진화경로를 그림 1-1에서 볼 수 있다 (Hawkes 1994).

페루 중부와 볼리비아 중부에서 자라는 *S. Stenotomum*은 가장 원시적인 재배종으로 야생종 *S. leptophyes*나 *S. canasense*에서 유래되었을 것으로 추정하고 있다. 적어도 4종류의 야생종이 재배종 진화 과정에 참여되었을 것이라 한다.

*S. stenotomum*과 *S. sparsipilum*의 잡종의 염색체 배가로 중부 안데스 지역의 4배체인 *S. tuberosum* subsp. *andigena*가 생성되었을 것이라 하나, 단순히 *S. stenotomum*의 염색체 배가로 *andigena*가 생성되었다는 주장도 있다. 이 4배체가 칠레 남부쪽으로 전달되어 그곳의 장일에 적응되었고 이것이 subsp *tuberosum*으로 진화했으리라고 본다.

유럽에서의 장일 적응도 이와 비슷하게 생각할 수 있다 (Hawkws 1994). 그러나 Grun(1990)에 의하면 칠레와 유럽의

subsp *tuberosum*은 subsp *andigena*와 특정 세포질 요소에 차이가 있어 이들은 서로 근원이 다르며 *S. chacoense*와 같은 다른 야생종이 유입되었을 것이라 제안하였다.

　*S. stenotomum*이 기후가 더 높고 고도가 낮은 지역에서 경작되면서 1년에 3번씩 경작할 수 있는 휴면이 거의 없는 계통이 선발되었을 것이다. 사람에 의해 선발된 휴면이 없는 이들 감자를 *S. phureja*로 부르게 되었다. *S. stenotomum*에 내상(耐霜, frost resistant)성이 강한 야생종인 *S. megistacrolobum*이 교배되어 2배체의 *S. ajanhuiri*를 형성하였고 F₁ 잡종에 재배종이 여교배되어 Ajawiri라는 품종이 만들어졌을 것이라고 한다(Hawkes 1994).

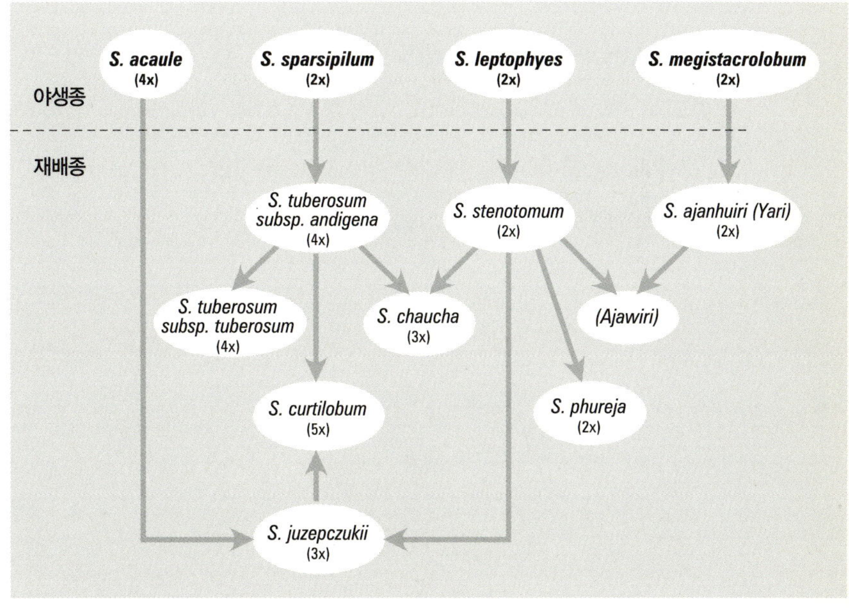

그림 1-1. 재배감자의 진화경로와 배수성(Hawkes 1994)

S. stenotomum은 4배체 야생종 S. acaule와 교배되어 불임성
이지만 acaule로부터 물려받은 강한 내상성을 지닌 3배체 잡종
S. Juzepczukii가 만들어졌고 이는 다시 자연상태에서 S. tuberosum
subsp. andigena와 교배되어 5배체종 S. curtilobum을 형성하
였다.

S. cutilobum은 S. Juzepczukii의 2n 배우자(3x)와 S. tuberosum
subsp. andigena(2n=4x=48)의 정상배우자(n=2x)의 수정으로 5
배체를 형성하게 되었을 것으로 판단하고 있다(Hawkes 1994). S.
stenotomum은 또 subsp. andigena와 교배되어 3배체 재배종
S. chaucha가 만들어졌다(Jackson 등 1977). 설명된 바와 같이 재
배종들은 볼리비아, 페루의 중앙 안데스 지역에서 4종의 야생종
으로부터 진화되었다.

S. phureja와 S. tuberosum을 제외한 다른 종들은 이 지역에
국한되어 더 널리 퍼져나가지 못하였으나, S. phureja는 북쪽으
로 에콰도르, 콜롬비아, 베네수엘라까지 퍼졌고 S. tuberosum은
남쪽으로 칠레까지 퍼져 나갔다(Hawkes 1994).

2

감자의 유전적 특성

1. 단위생식에 의한 반수체 유기
2. 2n 배우자의 생성기작
3. Endosperm Balance Number
4. 교배와 화합성

감자 꽃

감자의 육종과 관련된 유전적 특성을 열거하여 보면 다음 몇 가지를 들 수 있다.

1) 2배체부터 6배체까지 배수성이 다양하다.
2) 종간의 교배가 비교적 잘 되나, EBN수에 따라 같은 배수체라도 교배가 안 되는 것이 있고 다른 배수체끼리도 교배가 잘 될 수 있다.
3) 단위생식에 의해 반수체를 생산할 수 있다.
4) 2n 배우자를 형성하므로 유성적으로 배수체를 생산할 수 있다 (유성적 다배체화).
5) 2배체를 제외하고는 자가수정이 잘 된다. 그러나 자식열세(自殖劣勢, inbreeding depression)가 심하게 일어난다.

1. 단위생식에 의한 반수체 유기

종자에 자색반점이 있는 2배체 식물의 화분을 자색반점이 없는 4배체 *S. tuberosum*에 교배한다. 자색반점은 배(胚)의 자색으로 인해 나타나는 것이므로 종자가 발아하면 줄기와 잎에 자색을 나타낸다. 자색반점 유전자는 우성이므로 수정이 되어 생산된 종자는 배의 반점이 종자에 나타나지만 수정이 안 되고 단위생식(單爲生殖, parthenogenesis)으로 생산된 종자는 자색반점이 없다. 반점이 없는 종자를 파종하여 종자에는 자색반점이 나타나지 않았어도 묘(苗)시기에 잎과 줄기에 자색을 띠면 이는 수정된 것으로 간주된다. 그러나 어린 묘의 줄기나 잎에도 자색이 없으면 일단 단위생식에 의한 반수체라 추정할 수 있다.

그 후 기공의 엽록체 수, 근단의 염색체 수를 관찰하여 2반수체를 확인한다(Cho 등 1993). 4배체의 *S. tuberosum*은 고도의 이형접합성이므로 이에서 유기된 반수체들은 유전적으로 매우 다양할 것이다. 따라서 재배품종에서 유기된 반수체 중에서 선발된 반수체 계통(2n=2*x*=24)들은 유용한 2배체 야생종과 교배하여 훌륭한 육종재료가 될 수 있다. 이들은 2배체이지만 2n 배우자를 생산하는 기작을 이용하면 4배체로 될 수도 있고, 4배체와 교배도 된다.

Hougas 등(1964)은 4배체 *S. tuberosum* 재배종 16품종을 자방친(子房親)으로, 2배체의 *Solanum*종 30 계통을 화분친(花粉親)으로 교배를 하여 위의 방법으로 반수체 유기를 시도하였다. 49,000개의 열매에서 나온 반수체의 수는 열매당 평균 1.3개였다. 이 중에서 반수체 유기가 잘 되는 4배체 자방친과 2배체의 화분친이 있다는 것을 발견하였고, 반수체 유기가 잘 되는 자방친과 화분친을 교배하여 열매당 평균 40.4개의 반수체를 생산할 수 있었다. 여기에서 유도된 반수체는 육종재료로 계속 이용되었다. 4

배체에서 단위생식에 의해 유기되는 반수체는 $2n=2x=24$로 정확히 2배체이므로 2반수체(dihaploid)라고도 한다.

2. 2n 배우자의 생성기작

4배체 *S. tuberosum* Group Tuberosum 품종과 2배체 *S. tuberosum* Group Phureja – 반수체 Group Tuberosum 간 잡종의 교배로 다수확성 4배체 자손을 생산할 수 있었고 때로는 $2x – 2x$교배에서도 다수확성 4배체 자손을 생산하였다(Mendiburu 와 Peloquin 1979). 이와 같은 배수성 증가는 2배체 친의 2n 난자(diplogynoid) 혹은 2n 정자(diplandroid)가 수정된 결과였다.

2n 배우자의 생성기작에 대하여 Mok과 Peloquin(1975a), Ramanna(1974), Veilleux(1985) 등 여러 연구자들은 감수분열기 전, 감수분열기 중, 혹은 감수분열기 후의 세포학적 돌연변이에 의하여 생성된다고 보고하였다. *Solanum*종에서는 주로 제1 감수분열 퇴행(First-division restitution, FDR) 혹은 제2 감수분열 퇴행(Second-division restitution, SDR)에 의해 2n 배우자가 형성된다고 하며, 2n 화분생산기작에 대하여 특히 심도 깊은 연구가 수행되었다(Mok와 Peloquin 1975a, Veilleux 등 1982, Tai 1994).

감자와 감자 근연종에서 발견된 감수분열기의 돌연변이가 여러 종류 보고되었다. 감자의 소포자 형성(microsporogenesis)과 대포자 형성(megasporogenesis)에 영향을 주는 이러한 유전적 변이는 유전적, 세포학적으로 많이 연구되었으며 이로 인하여 유전자원의 이전(germplasm transfer), 육종, 진화의 연구에 많은 공헌을 하였다. 감자에서 규명된 감수분열기의 돌연변이는 소포자 형성과정 혹은 대포자 형성과정에서 핵 혹은 세포질에서 일어나는 변이들이다. 이들 돌연변이에는 다음과 같은 공통적인 특성이 있다.

1) 거의 모든 돌연변이의 표현이 단일 유전자좌(single locus)에 의해 조절된다
2) 돌연변이는 모두 열성유전자이다
3) 때에 따라서는 유전적 특성이 나타나지 않는 경우가 있다. 즉 침투(penetrance)가 항상 100%는 아니다
4) 돌연변이 유전형을 지닌 식물체의 감수분열 모세포(meiocyte)가 돌연변이를 표현하는 비율은 1~100%이다

표현정도는 유전적으로, 환경 혹은 발달과정에 따라 변경된다(Peloquin 등 1999).

(1) 소포자 형성과정의 돌연변이

*Solanum*종의 정상적인 소포자 형성과정에서는 제1 감수분열 후에 세포분열(cytokinesis)이 일어나지 않고 제2 감수분열이 진

행된 후에 두 방추사가 60도 방향으로 배열되어 4극이 4면체 (tetrahedron)를 이루게 되고, 세포판은 방추사 방향의 90도 각도로 형성되므로 4개의 n 즉 반수체의 소포자(microspore)로 구성된 4분자(tetrad)가 만들어진다(그림 2-1-A의 +/+, Peloquin 등 1999). 감수분열 후에 소포자가 분리되어 각각 웅성 n의 배우체(配偶體, gametophyte)가 된다(Mok와 Peloquin 1975a).

평행 방추사(paralle spindles, *ps/ps*) 돌연변이 유전자는 *S. phureja*와 *S. tuberosum* 반수체의 교배자손에서 발견된 열성 유전자로 동형접합성인 식물체에서 일부 sporocyte는 제2 감수분열에서 방추사의 배열이 60도 방향으로 배열되는 대신 평행 방추사를 형성하여 이에 직각으로 세포판이 형성되면 두개의 2n 소포자가 형성되고 따라서 2n의 배우체가 만들어진다(그림 2-1-A의 *ps/ps*). 이는 유전적으로 제1 감수분열 퇴행(First-division restitution, FDR) 결과를 초래한다.

평행 방추사가 약간 변형되어 세 개의 극(tripolar)이 형성되면 한 개의 2n과 2개의 n 소포자를 형성하는 변형도 쉽게 볼 수 있다 (Mok와 Peloquin 1975a, Veilleux 등 1982).

또 다른 돌연변이 premature cytokinesis(*pc*)도 같은 교배자손에서 발견된 것으로 열성유전자이며 동형접합성일 경우 소포자 형성과정에서 제1 감수분열 후에 곧 세포판이 형성되고 제2 분열에서는 염색분체만 분리하고 세포판이 형성되지 않아 2개의 2n 소포자로 된 2분자(dyad)가 형성된다(그림 2-1-A의 *pc/pc*,). 이는 제2 감수분열 퇴행(Second-division restitution) 결과를 초래한다.

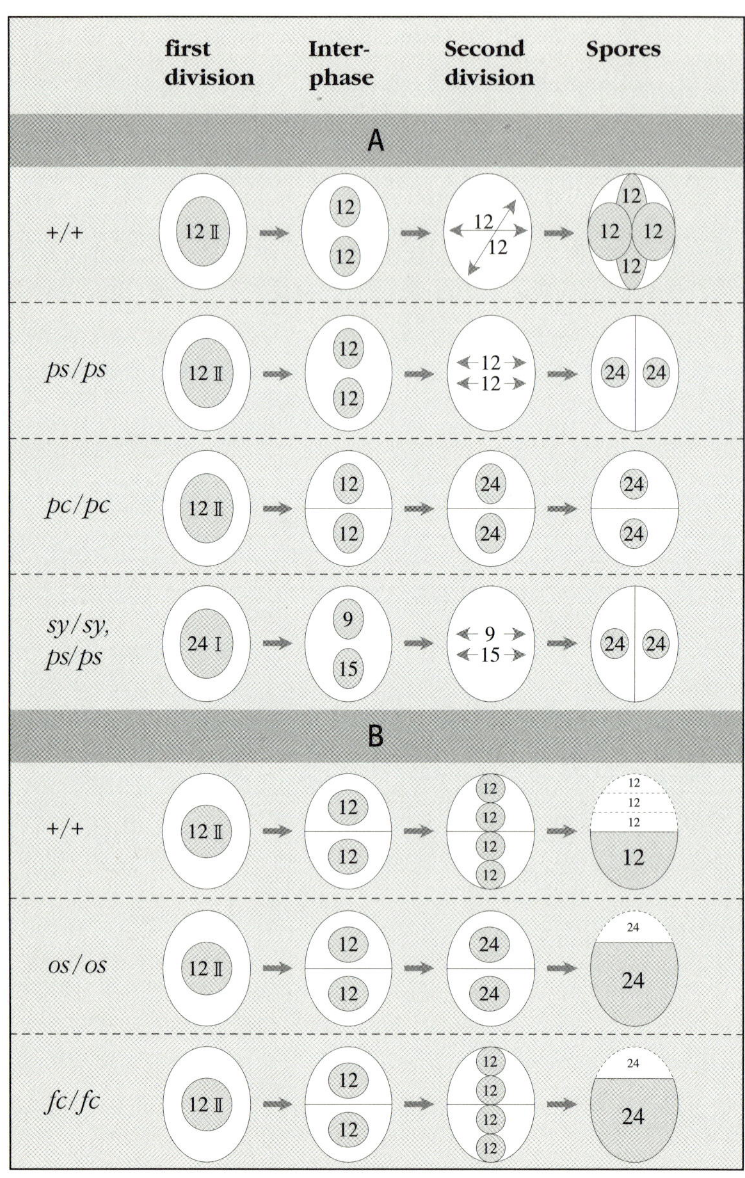

그림 2-1. 감수분열기의 돌연변이에 의한 세포학적 결과.

(A) 소포자 형성과정:(+/+)야생형; (ps/ps)평행한 방추사(parallel spindles); (ps/ps)너무 이른 세포판형성(premature cytokinesis); (sy/sy,ps/ps)한 인자형에 접합변이(synaptic-3)와 평행한 방추사.

(B) 대포자 형성과정: (+/+)야생형; (os/os)제2 감수분열 생략; (fc/fc)세포판 형성실패(Peloquin 등 1999)

*ps/ps*에 의한 FDR 결과로 생성된 2n 화분은 화분친과 같은 이형접합성(heterozygosity)의 80%를 전달할 수 있다고 한다(Mok와 Peloquin 1975a). 이러한 감수분열 돌연변이를 이용하여 고도로 이형접합성인 육종 집단 형성이 가능하다는 것을 보여주었다(Mok와 Peloquin 1975b, Okwuagwu와 Peloquin 1981).

반수체-종간 교배잡종에서 *ps* 유전자에 의한 2n 화분 생산 여부는 두 양친의 *ps* 유전자의 빈도에 달렸다. 또한 반수체의 *ps* 빈도는 반수체가 유도된 재배종의 *ps* 빈도에 달렸다. 미국에서 재배되는 56품종의 *ps* 빈도는 0.69였고 많은 재배종이 simplex(*Pspspsps*) 형으로 *ps*를 보유하고 있다. 염색체 분리(chromosome segregation)을 가정할 경우, 이러한 4배체에서 생산된 반수체의 50%는 *psps*이고 50%는 *Psps*일 것이다. duplex(*PsPspsps*)인 경우에는 반수체의 67%는 *Psps*이고 17%는 *psps*이다. 대부분의 2배체 야생종에서 2n 배우자 생산 계통이 발견되었고 *S. gourlayi, S. infundibuliforme, S. spegazzini, S. berthautii, S. chacoense, S. sparspilum*에서는 *ps* 유전자가 있는 것으로 보고 되었다(Camadro와 Peloquin 1980, Hermundstad와 Peloquin 1985, Peloquin 1987).

FDR에 의해 생성된 2n 배우자는 동원체에서 첫 번 교차지점까지의 유전자를 다음 대에 전달할 수 있다. 따라서 화분친의 이형접합성의 약 80%가 상당부분의 상위성(epistasis)을 다음 대에 전달할 수 있고 SDR에 의해 생산된 2n 배우자는 양친의 이형접합성의 40%를 전달할 수 있다(Hermsen 1984, Peloquin 1982).

이형접합성을 100% 전달할 수 있는 감수분열 돌연변이가 있으면 육종효과를 더 높일 수 있을 것이다. 예를 들면 제1 감수분열기에 교차가 일어나지 않고 상동염색체 간의 접합 없이 제1 중기에 1가 염색체(univalent)만 형성되고, 제1 후기가 진행되지 않고 제2 후기에 균등 분열하여 2n 배우자를 생산한다면 이형접합성을 100% 전달할 수 있을 것이다. 적어도 4종류의 이러한 접합돌연변이가 발견되었다: 대포자 형성과정에서 발견된 *sy-1*(Iwanaga와 Peloquin 1979), 소포자 형성과정의 *sy-2*(Johnston 등 1986), *sy-3*(Okwuagwu와 Peloquin 1981), *sy-4*(Iwanage 1984). 이들 돌연변이는 모두 다른 재료에서 발견되었으며 표현형이 서로 다르며 각 돌연변이가 서로 비대립인자(nonallelic)인 것으로 추정되었다(Johnston 등 1986).

*sy-2*는 *S. commerosonii*에서 발견되었다. 이 돌연변이체는 소포자 형성과정 중 2가 염색체를 전혀 형성하지 못했고 대부분의 화분이 불임화분이었고 간혹 염색된 화분은 2n 화분이었으며, 2배체 *S. commersonii*와 교배하였을 때 돌연변이체를 화분친으로 교배한 경우 한 개체의 4배체를 제외하고는 다른 자손은 얻을 수 없었다. 이 4배체 자손은 아마도 2n 화분이 수정된 것이라 판단하였다.

이 4배체를 자가수정하였을 때 정상과 비접합돌연변이의 비율이 20.8:1이고, 이 4배체를 자방친으로 하여 본래의 돌연변이체의 화분으로 여교배하였을 때는 돌연변이와 정상의 비율이 5.5:1이었고, 이 돌연변이체의 형매교배(sibcrosses)에서는 정상과 돌연변이가 3.6:1이었다. 이러한 결과로 이 접합변이 돌연변이도 열성 동형접합자에 의해 표현된다고 하였다(Johnston 1986).

접합변이의 돌연변이 유전자 synaptic-3(*sy-3*)는 *S. phureja*와 *S.tuberosum* Group Tuberosum 반수체의 교배자손에서 발견된 유전자이다(Okwuagwu와 Peloquin 1981). *ps/ps*이면서 동시에 *sy-3/sy-3*인 이중 동형접합자(double homozygous)는 교차 없이 FDR에 의해 2n 배우자를 생산하므로 2배체 화분친에 있는 모든 유전자의 이형접합성과 상위성을 100% 다음 세대로 전달할 수 있다(그림 2-1-A, *sy/sy*, *ps/ps*).

*ps/ps*인 단순 동형접합성(single homozygous)이면서 2n배우자를 생산하는 2배체와 *ps/ps*이면서 *sy-3/sy-3*인 이중 동형접합성이면서 2n 배우자를 생산하는 2배체를 각각 4배체의 *S. tuberosum*과 여러 조합으로 교배하였고, 교배자손을 미국과 유럽의 장일지역과 브라질의 단일지역에서 재배하여 비교하였다. 그러나 총 괴경생산량이나 숙기, 눈 깊이, 초세(草勢)와 같은 형질은 이형접합성과 상위성을 100% 전달하는 이중 동형접합자와 80%만 전달하는 단순 동형접합자 간에 차이를 보이지 않았다. 따라서 이들 형질에 관한 유전자들이 동원체와 첫 번 교차점 사이에 위치하는 것으로 판단하였다(Buso 1986, Masson 1985, Buso 등 1999a, Buso 1999b).

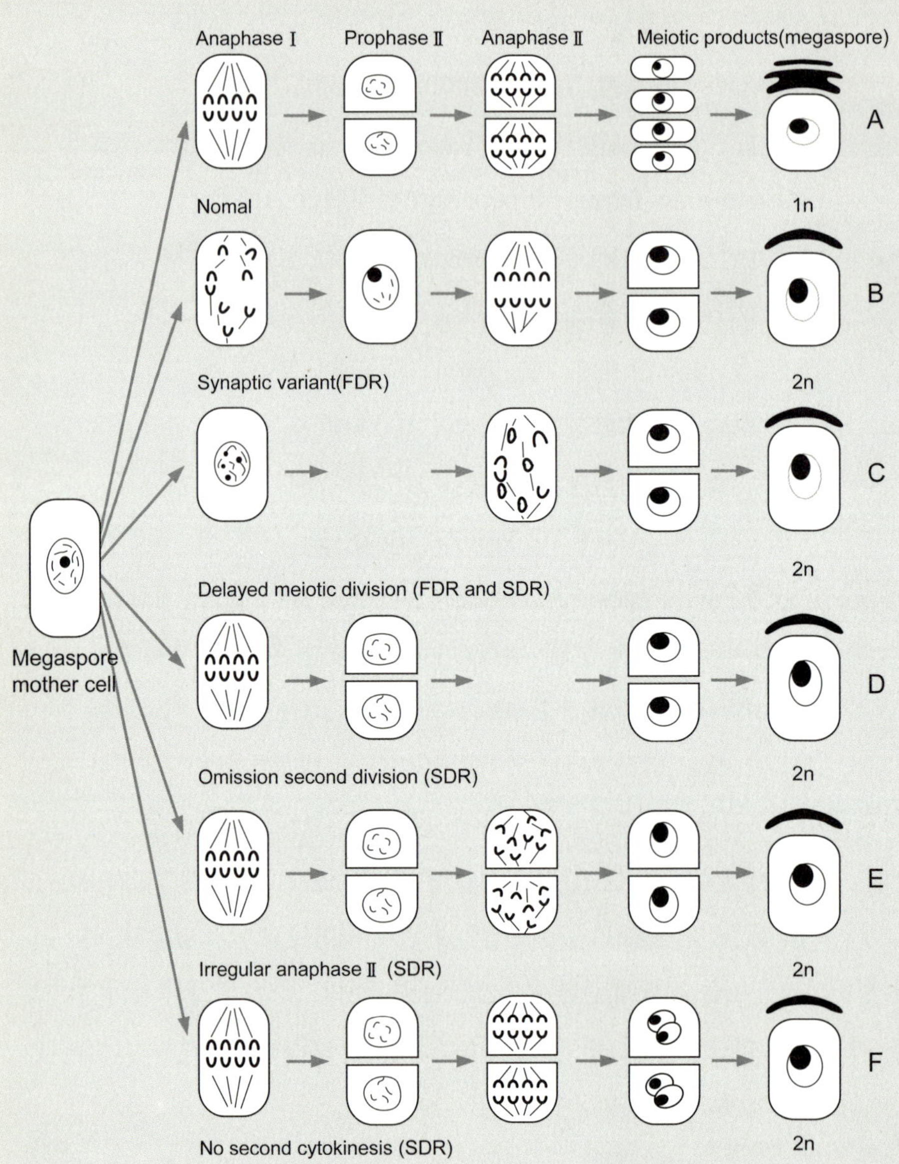

그림 2-2. 2배체 감자의 2n 난자형성기작.
FDR(제1 감수분열퇴행, first division restitution; SDR(제2 감수분열퇴행, sencond division restitution). (Werner와 Peloquin 1991)

(2) 대포자 형성과정의 돌연변이

감자의 정상적인 대포자 형성과정은 그림 2-2의 A(Werner와 Peloquin 1991)와 그림 2-1-B의 +/+(Peloquin 등 1999)에 있는 것과 같이 Monosporic(홑홀씨)의 Polygonum형이다(Bohjwani와 Bhatnagar 1978). 대포자모세포(Megaspore mother cell)의 제1 감수분열 후에 세포판이 형성되고 제2 감수분열은 상하로 진행된 후 세포판이 형성된다.

따라서 직선 길이로 배열된 4개의 대포자(megaspores)가 형성되고 이중 주공 쪽의 대포자(micropylar megaspores) 셋은 퇴화되고 합점 쪽의 대포자(chalazal megaspore) 하나만이 대포자로 작용하게 된다. 대포자는 3번의 세포분열(mitotic division)을 하여 자성배우체(female gemetophyte)가 형성된다(Bohjwani등 Bhatnagar 1978, Parrot와 1988, Werner와 Peloquin 1991).

제1 감수분열 혹은 제2 감수분열이 변형된 여러 종류의 기작에 의해 2n 난자가 형성된다. 그중 몇 가지만 예를 들어본다. 제1 감수분열기의 접합변이로 염색체 접합이 전혀 이루어지지 않거나 혹은 접합이 낮은 율로 이루어지며, 약간의 키아스마(chiasma)만이 형성되어 많은 1가 염색체(univalent)가 세포 전체에 흩어져 있어 제1 분열의 세포판이 형성되지 않은 상태에서 제2 분열이 진행되므로 2개의 2n 대포자(大胞子, megaspore)가 형성된다. 그중 1개는 퇴화되고 하나의 2n 대포자가 배우자형성과정(gametogenesis)을 진행하여 유전적으로 FDR과 같은 2n의 자성(雌性)배우체가 형성된다(그림 2-2-B, Werner와 Peloquin 1991).

두 번째 기작으로는 감수분열이 지연되고 불규칙하여 배주
(ovule)의 주심(nucellus)이 완전히 퇴화된 후에 1가 염색체가 불규
칙하게 제2 분열을 한다(그림 2-2-C). 다행히 염색체의 분포가 균
형을 이루어 dyad가 형성된 것이면 2개의 2n 대포자를 형성하게
되나, 대부분의 세포에서는 염색체가 불균등하게 분포하여 핵의
크기가 다른 dyad가 형성되어 불임이 된다. 이 과정에서 형성되
는 2n 대포자는 유전적으로 FDR과 SDR의 혼합형일 것이다. 혹
은 세포판이 형성되지 않고, 핵융합으로 4n 대포자가 형성될 수
도 있다(Werner와 Peloquin 1991).

세 번째로는 제2 감수분열이 변형된 것으로 제2 분열이 전혀 진
행되지 않고 2n 난자를 형성하는 것으로, 제2 분열기에 lagging
chromosome(지연 염색체)이 형성되고 제2 말기가 진행된 후에
세포판이 형성되지 않는 돌연변이를 들 수 있다(그림 2-2-D, 그
림 2-1-B의 *os/os*).

이들은 모두 SDR과 같은 유전적 결과를 초래하며 열성유전자
(*os*)에 의해 조절된다(Werner와 Peloquin 1990). 반수체와 2배체 야
생종, 반수체-야생종의 교배자손에서 생산되는 2n 난자는 제2
감수분열의 진행에 결함이 있는 것이 대부분인 것으로 관찰되었
다. 따라서 2배체에서 2n 난자형성은 대부분 유전적으로 SDR형
이라고 판단되었다(Werner와 Peloquin 1991).

네 번째는 불규칙한 제2 후기로서 lagging chromosome으로
인해 제2 분열이 진행되지 못하는 경우이며, SDR형의 난자를 형
성한다(그림 2-2-E).

다섯 번째의 이상 분열은 *S. chacoense*에서 발견된 것으로 제2 말기 후에 세포판이 형성되지 않고 핵이 융합되어 SDR형의 2n 난자를 형성하게 된다(그림 2-2-F, 그림 2-1-B의 *fc/fc*). 이 유전자는 단일 열성유전자(*fc*)에 의해 조절된다(Werner와 Peloquin 1987, 1990, 1991).

감자의 대포자 형성과정의 돌연변이 가운데 감수분열중의 접합변이(synaptic mutant)가 Group Phureja와 Group Tuberosum 반수체 사이의 2배체 교배 잡종에서 발견되었다. 이 돌연변이는 멘델의 열성유전을 하며 대포자 형성과정의 감수분열기에 1가 염색체와 2가 염색체의 비정상배열, 염색분체의 제1 중기의 이른 분리(pemature seperation), 제1 후기의 불규칙한 염색체 분포, 제1 말기에 퇴행핵 형성, tetrad stage(4분분자기)에 비정상적인 세포판형성으로 표현된다.

소포자 형성과정에서는 정상적인 염색체 대합이 이루어진 것으로 보아 이 접합변이 유전자의 표현은 대포자에서만 일어나는 것을 알 수 있다. 이 돌연변이이며 이형접합성의 *Yy*(yellow flesh)인 개체를 자방친으로 하여 nulliplex(*yyyy*)인 4배체 화분친을 교배한 결과 2n 난자형성이 FDR형으로 형성되었다는 것을 확인하였다(Iwanaga와 Peloquin 1979).

그후 2n 난자를 생성하는 것으로 확인된 여러 종류의 2배체 잡종(Group phureja와 Group Tuberosum 반수체)과 *S. chacoense*의 2x×4x 교배 후에 유전분석을 하여 대부분은 SDR형이며 일부만이 FDR에 의한 2n 난자를 형성한다고 보고하였다(Stelly와 Peloquin

1986). Jongedijk 등(1991)도 제1 후기에 1가 염색체의 균등분열로 FDR의 2n 난자를 생산하는 돌연변이 계통을 발견하였고 이를 desynaptic gene(비접합유전자), *ds-1*이라 하였다.

3. Endosperm Balance Number

피자식물에서 교배하여 종자가 성공적으로 발달하려면 우선 배유가 정상적으로 발달하여야 한다. 일반적으로 배수체간의 교배, 예를 들면 2배체와 4배체간의 교배에서 그 중간 배수성(3배체)의 종자를 생산하지 못한다. 이러한 현상은 *Solanum*종에서도 흔히 나타나는 현상이다. 다른 배수체간 교배에서의 종자생산 실패의 원인에 대하여 다양한 이론으로 설명하고 있으나, 그중 가장 지배적인 이론은 배유가 발달하지 못하여 결과적으로 배가 형성되지 못한다는 것이다.

옥수수의 배수체간 교배에서 종자 배유의 암 수 게놈의 비가 2:1이 아닌 경우에 종자가 형성되지 못한다고 하였으며(Lin 1975), *Solanum tuberosum* L의 경우에도 대체적으로 비슷한 결과를 볼 수 있었다. 종간 교배 혹은 배수성간 교배에서 배유의 형성에 관하여 배수성비와는 다른 일치되는 기작이 있음을 가정하여 Johnston과 Hanneman(1980, 1982)은 배유기능에 적용되는

Endosperm Balance Number(EBN) 가설을 제시하고 각 종에 이에 합당한 EBN 번호를 부여하였다.

이 설에 의하면 *Solanum*종들은 고유의 특정 배수성과 같이 작용하는 EBN 수치가 있으며, 종간 교배에서 배유의 구성이 모계(母系)의 EBN과 부계(父系)의 EBN 수의 비가 2:1인 경우에만 잡종의 배유가 정상적으로 발달한다. 그러므로 양친의 EBN 수가 동일할 때에만 교배가 성공적으로 이루어진다. 그러므로 EBN=1인 2배체종($2x$)은 EBN=2이며 $2x$인 *S. tuberosum* Group Tuberosum 반수체와 교배가 되지 않고, EBN=2인 4배체종($4x$)은 4배체이며 EBN=4인 재배감자와 교배되지 않는다.

두 종이 모두 2배체성 유전을 할 경우 2배체×4배체 교배도 잡종의 임성은 낮으나 교배가 잘 된다(예: *S chaoense*($2x$, 2EBN)×*S. stoloniferum*($4x$, 2EBN)). 그러나 2배체성 유전을 하는 2배체와 4배체성 유전을 하는 4배체간의 교배는 잘 되지 않고, 2n 배우자가 작용하여 교배가 될 경우에는 4배체 자손이 생긴다(Hawkes 1994).

(1) EBN 가설의 배경과 EBN 번호의 결정

괴경형성을 하는 *Solanum*종에서 종간 교배, 혹은 배수체간 교배를 할 경우에 배유형성 게놈의 2:1 비의 법칙이 항상 적용되지는 않았다. 이러한 예외적인 경우를 예로 들면 4배체 *Solanum acaule*($2n=4x=48$)는 재배감자인 *S. tuberosum* Group tuberosum(2n=48=4x)과 교배하면 불완전종자인 쭉정이를 형성하나, GP Tuberosum에서 유도된 반수체(2n=24=2x)와 교배하면 정상적으로 발달된 배유가 있는 종자를 생산한다.

이와 같이 4배체의 멕시코 기원 종과 남미 종인 *S. acaule*는 2배체들과 교배되어 쉽게 3배체 종자를 형성하는 반면 다른 4배체와의 교배는 실패하였고, 6배체인 *Solanum demissum*도 4배체와 교배되어 5배체 종자를 형성하였다(Johnston과 Hanneman 1980, 1982).

4x *S. acaule*×4x Gp Tuberosum 교배에서 배유의 자방친과 화분친의 배수성 비는 4:2(=2:1)이지만 배유가 퇴화되었으나, 4x *S. acaule*×2x Gp Tuberosum 반수체 교배에서 배유의 배수성 비가 4:1인데도 정상의 배유를 형성하였다. 따라서 Johnston과 Hanneman(1980, 1982)은 종간 교배나 배수성간 교배에서 배수성비와는 다른 배유형성에 관여하는 기작이 있음을 가정하여 배유기능에 적용되는 EBN(Endosperm Balance Number) 가설을 제시하였다.

*S. chacoense*의 EBN을 2로 가정하고 여러 종류의 종간, 배수성간의 교배를 하여 종자를 형성하는 것은 배유의 자방친 대 화분친간의 배수성비에 상관없이 EBN 비가 2:1인 것으로 간주하였다. 그 결과를 예로 들면 4배체인 *S. acaule*와 *S. stoloniferum*은 2배체이며 2EBN인 *S. chacoense*와 교배되어 종자를 형성하였으나 4배체의 4EBN종과는 종자를 형성하지 못하였다.

따라서 *S. acaule*와 *S. stoloniferum*은 4배체이나 이들의 EBN

은 2로 지정되었다. 2배체인 *S. cardiophyllum*을 2배체인 *S. verrucosum*(2EBN)에 교배하여 종자를 형성하지 못하였으나 4배체 *S. cardiophyllum*은 같은 *S. verrucosum*(2x 2EBN)에 교배하여 종자를 잘 형성하였다.

또 흥미로운 것은 2x *cardiophyllum*을 2x의 *S. chacoense*(EBN)에 교배하였을 때 종자를 잘 형성하였으나 이들 종자는 모두 3배체로 2n 화분이 수정된 것이었다. 이와 같이 *S. cardiophyllum*을 2EBN의 2배체에 교배할 때 2x의 화분이 작용할 때에만 종자를 형성하는 것을 알 수 있다. 따라서 2x *cardiophyllum*은 1EBN이고 4x *cardiphyllum*은 2EBN이 부여되었다.

이와 같은 방법으로 *Solanum*속의 여러 종들을 교배하여 종들에 따라 고유한 EBN번호가 부여되었다(Johnston과 Hanneman 1980).

멕시코가 원산지인 2배체종들은 1EBN이며 남미가 원산지이지만 멕시코에서 진화했고 Panama isthanus가 형성된 350만년 전에 남미로 이전된 Commersoniana, Circaeifolia, Lignicaulia와 Olmosiana 열(列, series)도 1EBN이다. 그러나 아르헨티나와 인접지역에 분포하는 Commersoniana에서 파생했을 것으로 추정되는 Yungasensa 열은 2EBN이다(Hawkes 1994).

그 외에도 Megistacroloba, Cuneoalata, Piurana, Tuberosa 열의 2배체 종들도 2EBN이다. 1EBN종과 2EBN종 간에는 같은 2배체끼리라도 교배가 되지 않으나, 1EBN종의 염색체가 배가되어 4배체가 되면 2EBN의 2배체와 교배가 좀 더 잘 된다. 4배체에

서 감수분열기에 2가 염색체를 형성하는 이질4배체(allotetraploid)
는 2EBN이나 *S. tuberosum*같이 동질4배체(autotetrapoid) 상태
인 종들은 4EBN으로서 오히려 6배체와 교배가 이루어지기도 한
다(Hawkes 1994).

(2) EBN 번호의 타당성 검정

많은 종에 부여된 EBN 번호는 교배의 성공 여부에 따라 결정되
었는데 다음 몇 가지를 고려하여 교배의 성패를 결정하였다:

(1) 종자의 발아력,

(2) 열매당 발아가능 종자 수,

(3) 자손의 배수성(ploidy)

(4) 교배가 성공하지 못한 것은 수정이 되었는데도 종자를 형성하
지 못하였는지를 확인하였다. 즉 적어도 화분관이 씨방(ovary)
에 도달하였는데도 종자를 형성하지 못한 것만을 기준으로 하
였다(Johnston과 Hanneman 1980, Hanneman 1994).
그럼에도 불구하고 다른 EBN 간의 교배에서 완전한 종자를
형성하는 경우가 있어 2:1의 EBN 법칙이 잘 맞지 않는 경우
도 있었다(Johnston 등 1980).

Masuelli와 Camadro(1997)는 1EBN이며 2*x*인 *S. commersonii*,
2EBN이며 2*x*인 *S. gourlayi*와 4EBN이며 4*x*인 *S. gourlayi*와

2EBN이며 4x인 *S. acaule* 간에 완전 이면교배(diallel corss)를 하여 배(胚)와 배유(胚乳)의 발달을 점검 분석하였다.

이 연구에서 같은 EBN이면 배수성이 같은 종은 물론, 배수성이 다른 종도 교배가 잘 되어 발아력 있는 종자를 생산하였다. 그러나 같은 종이건 다른 종이건 다른 EBN 간의 교배에서 생산된 종자들의 85%가 쭉정이였다. 이들 쭉정이 종자들은 배유의 발달이 안 되고 내피의 두께가 정상종자보다 훨씬 두꺼웠고 배(胚)는 흔적도 없거나 약간의 흔적이 있는 납작한 배일 뿐이었다.

같은 종이며 EBN이 다른 4배체이고 4EBN인 *S. gourlayi*에 2배체이고 2EBN인 *S. goulayi*를 교배하였을 때(4x, 4EBN *grl*×2x, 2EBN *grl*) 발아력 있는 종자를 하나도 생산하지 못하였다. 이들을 상호교배(2x, 2EBN *grl*×4x, 4EBN *grl*)하였을 때는 발아력 있는 종자를 많이 생산하였는데 이들 종자는 4배체였다. 이는 2x, 2EBN *goulayi*의 2n난자가 4x, 4EBN *goulayi*의 화분과 결합된 것이라 판단되며 이 결과 또한 EBN설의 타당성을 제시한다고 하였다.

그러나 종간의 교배력은 EBN설로만 설명될 수 없는 차이를 보이는 경우도 있다. 예를 들어 자가화합성인 *S. acaule*는 자방친으로는 교배가 잘 되나 화분친으로는 잘 되지 않고, 자가불화합성인 *S. gourlayi*는 그 반대이며, 반면에 *S. commersonii*는 그 중간이었다. 또 같은 종에서도 계통에 따라 교배력의 차이를 보였다. 이러한 차이는 EBN설만으로는 설명할 수가 없고 종간의 교배장벽에는 또 다른 기작들이 있을 것으로 추정된다.

그럼에도 불구하고 EBN은 *Solanum*종의 종간 교배에서 배유 발달과 관련하여 교배의 성공여부를 추측할 수 있는 지표로 정착되었다. Ortiz와 Ehlenfeldt(1992), Carputo 등(1997)은 $2x$(1EBN), $2x$(2EBN), $4x$(2EBN)와 $6x$(4EBN)의 유전자원(germplasm)의 유전자들을 $4x$(4EBN)의 재배감자에 이입(introgress)시킬 수 있는 육종전략을 기술하기도 하였다.

따라서 EBN 가설이 감자의 교배육종에 도움이 되므로 그 후부터는 국제감자연구소(CIP)나, 미국의 Potato Introduction Station 같은 감자의 유전자원을 관리하는 기관에서는 가능한 한 게놈의 배수성과 함께 EBN을 기록하고 있다. 감자육종을 위하여 종간교잡을 할 때 양친의 배수성과 EBN에 따른 교배의 결과를 표 2-1에 의거하여 추정해 볼 수 있다.

표 2-1. 교배양친의 배수성과 EBN에 따라 추정되는 종자의 발아력 유무와 배수성

자방친	화분친	종자		배유	
배수성(EBN)	배수성(EBN)	형성	배수성	EBN비	염색체비
$2x$ (1EBN)	$2x$ (1EBN)	정상	$2x$	2:1	2:1
$2x$ (1EBN)	$2x$ (2EBN)	쭉정이	$2x$	2:2(1:1)	2:1
$2x$ (2EBN)	$4x$ (2EBN)	정상	$3x$	4:2(2:1)	2:2
$4x$ (2EBN)	$4x$ (4EBN)	쭉정이	$4x$	4:4(1:1)	4:2
$4x$ (2EBN)	$4x$ (2EBN)	정상	$4x$	4:2(2:1)	4:2
$4x$ (4EBN)	$4x$ (4EBN)	정상	$4x$	8:4(2:1)	4:2
$4x$ (4EBN)	$2x$ (2EBN)	쭉정이	$3x$	8:2(4:1)	4:1
$4x$ (4EBN)	$2x$ (2EBN, 2n화분)	정상	$4x$	8:4(2:1)	4:2

(3) EBN의 유전

EBN 번호가 배수성 수보다 작은 종들은 게놈간의 차이가 있을 것으로 추정되며, 4배체, 6배체라도 2배체성 유전을 하는 것으로 추정되었다. 4배체이면서 2EBN이 부여된 *S. acaule*와 *S. stoloniferum*도 2배체성 유전을 하는 것으로 보고되었고 (Everhart와 Rowe 1974), 4EBN이 부여된 6배체인 *S. demissum*은 감수분열기에 2가 염색체를 형성하고 2배체성 유전을 하는 것으로 보고되었다(Bain과 Howard 1950).

Hawkes와 Jackson(1992)은 rotate corolla와 2EBN의 진화가 서로 관련되어 있으며 세포학적 관찰을 하였을 때 4배체이며 2EBN인 종은 이질4배체이나 4EBN인 것은 동질4배체라 하였다.

Ehlenfeldt와 Hanneman(1988a)은 *S. commersonii*(1EBN), *S. chaconese*(2EBN)와 이들의 잡종(1½ EBN), 이 잡종과 각 양친과의 여교배자손을 재료로 이면교배를 하여 EBN기작에 대한 유전적 조절을 연구하여 다음과 같은 결과를 보고하였다. 자방친의 EBN수가 화분친의 EBN 보다 클 때 정상종자 대 쭉정이 종자의 비율이 1:1.1이고 종자의 크기는 정상 또는 작은 반면, 자방친의 EBN이 화분친의 EBN보다 작을 때의 비는 1:7.9와 1:6.7이고 종자의 크기는 정상 또는 큰 종자였다. 자방친과 화분친의 EBN의 비가 2:1일 경우에만 정상적으로 배유가 발달하나, 자방친의 EBN유전자가 하나 더 있을 경우에는 크기가 작은 종자를 형성하고 둘이 더 있을 경우에는 종자형성이 되지 않았다. 그러나 화분친에 EBN 유전자가 하나만 더 있어도 종자형성이 되지 않았다.

이 교배실험을 기초로 EBN 유전자의 기작에 대하여 다음과 같은 가설을 제시하였다:

(1) 세 개의 비연관 유전자가 조절하며;

(2) 한 종 내에서는 동형접합성이고;

(3) 이들 유전자는 상가적(additive) 효과를 가지며, 종 내에서는 동급이고;

(4) 배유 조절능에 있어서 *S. chacoense*의 유전자들이 *S. commersonii*의 유전자들보다 2배 정도 영향이 크고;

(5) 자방친의 초과 유전자가 질적인 영향을 주어 작지만 발아력이 있는 종자를 생산하게 한다.

하나의 유전자나 하나의 염색체가 EBN을 유전적으로 조절한다면, 2EBN의 2배체감자가 이 염색체(EBN을 조절하는 염색체)에 대하여 3염색체(trisomics)라면 이 식물은 3EBN이고 따라서 2EBN과 1EBN 두 종류의 배우자를 생산할 것이다. 이러한 가정 하에 42종류의 3염색체와 이수체(aneuploids)의 *Solanum*과 염색체가 확인된 12종류의 Datura를 4EBN 4배체의 *S. tuberosum*과 교배 실험한 결과 이수체에 포함된 어느 것도 EBN의 변화를 주지 못했다. 따라서 하나 이상의 염색체와 하나 이상의 유전자가 EBN의 유전에 관여한다는 것을 알 수 있었다(Johnston과 Hanneman 1996).

이들의 결론은 Ehlenfeldt와 Hanneman(1988a)이 제시한 연관되지 않은 유전자이며 3개의 임계적 특성을 갖는 유전자

(Threshold, 연속변이를 하는 양적 유전자이지만 불연속적인 표현형을 나타내는 유전자)에 의해 조절될 것이라는 가설을 지지하고 있다.

4. 교배와 화합성

종 간 혹은 다른 배수체 간의 교배에서 때로는 같은 배수체 간의 교배에서도 교배가 성공하지 못하는 경우가 있다. 2배체 종들은 대부분 자가 불화합성을 나타내고 있다. 수정 후에 접합자의 배유(胚乳, endosperm)의 발달 장애로 교배가 성공하지 못하는 경우가 있다. 같은 배수체 간의 교배에서, 혹은 가까운 종 간의 교배에서도 잡종을 생산하지 못하는 원인을 종 간 혹은 배수체 간의 성적(性的)고립에 의한 결과로서 Johnston 등(1980)은 이를 Endosperm Balance Number(EBN) 가설로 설명하였다. 감자 육성을 위한 교배와 임성(fertility)에 대하여 고려해야 할 감자의 유전적 특성이 여러 가지 있다.

(1) 자가불화합성

대부분의 2배체 *Solanum*종들은 자가불화합성이다(Hawkes 1958). 2배체 야생종 *S. subtilius*, *S. caldasii*, *S. chacoense* 등

과 재배종에 속하는 *S. phureja*, *S. stenotumum*, *S. tuberosum*
의 반수체와 *S. phjureja*의 교배잡종에서 모두 하나의 유전자좌
의 복대립인자 *S*에 의한 자가불화합성으로, 화주(花柱, style)의 *S*
인자와 같은 *S* 인자를 갖는 화분은 화분관 신장이 이루어지지 않
아 수정(受精)이 되지 않는다고 하였다(Cipar 등 1964a).

2배체 *Solanum* 종들은 모두 타가수정을 하지만, 예외로 *S.
morelliforme*, *S. ployadenium*, *S. verrucosum*과 Etuberosa
열(series)의 *S. brevidens*, *S. etuberosum*(Hawkes 1994)과 *S.
fernandezianum*이 자가수정이 된다(Hermsen과 Sawicka 1979
in Hawkes 1994).

2배체 *Solanum*은 대부분 자가불화합성이나 때로는 자가수정
이 되는 개체를 발견할 수 있어, Cipar 등(1964b)은 자가불화합성
으로 분류된 여러 종들의 종내 교배 자손간에 자가수정을 시도한
결과 자가화합성으로 회복된 것도 있었고 자가불화합성으로 남아
있는 것도 있었다. 그 정도는 종들 간에, 같은 종에서도 계통 간에
차이가 있었다.

이런 비슷한 결과들에 대한 해석이 분분하다: *S* 인자의 침투성
이 달라 화분관의 성장 억제 정도가 다를 것이라든지, *S* 이외에
다른 수식 인자가 있어서 꽃의 낙과를 지연시켜 지연된 화분관으
로도 수정이 가능하게 된다든지, 환경 요인에 의한다는 등 여러
의견이 있다(Cipar 등 1964b). 이 외에 다른 야생종들도 이와 비슷
한 기작에 의한 자가불화합성이 보고되었다(Pandey 1962).

*S. tuberosum*에서 2배체의 Group Phureja나, Group

Stenotomum과 Group Tuberosum이나 Group Andigena의 반수체와의 교배자손으로 분석한 결과 일부 교배자손에서는 서로 교배는 되나 자가불화합성으로 두 양친 간에 다른 *S* 인자를 소유하고 있다는 것을, 일부 자손은 완전 불화합성으로 두 양친이 같은 *S* 인자를 소유한다는 것을 시사한다. 이로써 2배체와 4배체 *S. tuberosum*이 공통의 *S* 인자를 소유하고 있다는 것을 알 수 있었다(Cipar 등 1967).

자가불화합성 기작을 *S* 유전자의 한 유전자 좌로만 설명하기 어려운 결과에 대하여 Abdalla와 Hermsen(1971)은 두 유전자좌에 의한 배우체 불화합성(gametohpytic incompatability)으로 설명하였다. *S. phureja* × *S. phureja*와 *S. stenotomum* × *S. phureja*의 자가불화합성은 복 대립유전자의 두 유전자좌, *S*와 *R*에 의해 조절되는데, *S*가 *R*에 상위성으로 작용한다고 하였다. *R* 유전자 중에 R_{fi} 동형접합자는 모든 유전자형의 화분의 수정을 억제하므로 $R_{fi}R_{fi}$ 개체는 모든 *S*와 *R* 유전형에 대해 자가불화합성이다. 2배체와는 달리 4배체와 6배체는 모두 자가수정이 가능하나 자식열세가 비교적 빨리 일어난다(Hawkes 1994).

(2) 웅성불임

유전자-세포질(Genetic-cytoplasm) 관련 웅성불임은 괴경형성 *Solanum*에서 자주 나타난다. 이는 세포질에 있는 웅성불임 요소와 핵내 유전자의 관계로 생기는 현상이며 *S. tuberosum* Group

Stenotomum, Phureja와 Tuberosum의 세포질에서 발견되었다 (Grun 1970, Grun 등 1962).

Group Tuberosum의 세포질은 Group Phureja, Stenotomum 과 *S. vernei*의 유전자들에 민감하게 반응하여 여러 종류의 웅성 불임을 나타내었다. 웅성불임 유형은 세포질유전자와 핵내 유전 자의 조합에 따라 표현이 다르다.

예를 들어 df^s 세포질에 *dfdf* 유전자가 있을 경우 변형된 꽃을 생산하며, In^s 세포질에 우성유전자 *In*, In^1 또는 In^2이 있으면 열 개하지 않는 꽃을, pl^s 세포질에 *plpl* 유전자는 무화분(pollenless) 을, Lb^s 세포질에 *Lb* 유전자면 돌출된 불임 소포자를 형성하여 웅 성불임이 된다. 그러나 Df^r, in^r, Pl^r, lb^r인 세포질에서는 이와 관 련된 유전자가 우성이든 열성이든 상관없이 정상적인 임성이 있 는 꽃이 형성된다(Grun 등 1962).

*S. verrucosum*은 일반적으로 자가화합성이며 화분 임성도 좋 고 다른 2배체종들과 교배도 잘 되나, Abdalla와 Hermsen(1972) 은 여러 계통의 *verrucosum*을 검사한 결과 일부 웅성불임 계통 을 발견하였다. 이들을 자방친으로 하고 *S. tuberosum*의 반수체, 혹은 2배체 *Solanum*종과 교배하여 몇 종류의 웅성불임이 있다 는 것을 발견하였다.

*S. verrucosum*에는 웅성불임 세포질유전자가 있고 이들은 각 각 특정의 핵내 유전자가 있을 경우에 웅성불임을 나타낸다. 웅성 불임 세포질유전자를 Tr^s, Ps^s, SV^s와 n^s로 표시하였으며 이들의 표현은 각각 tetrad(4분분자)의 불임, 화분의 부분 불임, 매우 적은

양의 화분생산, 무화분으로 나타났다(Abdalla와 Hermsen 1972).

이러한 세포질-핵내유전자의 작용으로 인한 웅성불임이 Tuberosum-반수체와 남미의 2배체 재배종 간의 교배자손에서 나타난다(Carroll 1975). 그러나 2배체종 *S. chacoense*, *S. berthaultii*나 *S. tarijense*들의 화분을 Tuberosum에 교배하였을 때 그 자손은 모두 화분이 임성이므로(Hermunstad와 Peloquin 1985, Leue와 Peloquin 1980), 이 종들은 Tuberosum의 세포질과 관련된 웅성불임 유전자를 갖고 있지 않다고 하겠다(Iwanaga 등 1991).

Group Tuberosum 반수체×Group Phureja나 Stenotomum의 자손은 거의 모두 웅성불임이나 여교배 자손은 모두 완전 임성을 보유한다(Carroll 1975). 이는 Tuberosum의 세포질과 2배체 재배종(Phureja와 Stenotomum)에 있는 우성의 웅성불임유전자 *Ms* 간의 관계에 의한 것이라 추정된다(Iwanaga 등 1991).

Tuberosum 반수체에 Group Phureja나 Stenotomum을 교배하여 얻은 후대에서 임성과 불임성의 비가 다양하였으며 이의 원인이 Tuberosum의 세포질과 2배체 재배종의 우성유전자로 인한 것이라 인식되었다. $4x \times 2x$(Tuberosum × 재배종 2배체) 교배자손 중 화분임성을 갖는 자손의 비(57%)가 $2x \times 2x$ 교배자손에서의 임성자손의 비(28%)보다 훨씬 높았다. 따라서 재배종에 웅성불임에 대한 임성회복유전자가 존재할 것으로 추정하였다(Hanneman과 Peloquin 1981).

Iwanaga 등(1991)은 재배종을 포함한 59계통의 *S. tuberosum*

Group Tuberosum을 *Ms/ms*를 소유한 Phureja-Tuberosum 반수체 잡종의 화분으로 교배하여 자손의 웅성불임에 대한 조사를 하였다. Tuberosum 계통에 따라 불임과 임성의 분리비가 3:1(23계통), 2:3(24계통), 1:5(2계통), 0:1(3계통) 등으로 다양하였으며, 이들은 Tuberosum 계통에 웅성불임 회복유전자(*Rt*)가 존재하므로 다양한 분리비가 나온다고 설명하였다.

Chi square(χ^2, 카이제곱) 검정을 하여 23계통의 3MS:1MF는 *Rt* 유전자가 nulliplex(*rtrtrtrt*)일 경우의 분리비에 해당하고, 24계통의 2MS:3MF는 simplex(*Rtrtrtrt*)에 해당되는 분리비와 일치하였다. 두 계통의 1:5 분리는 simplex나 duplex(*RtRtrtrt*)일 경우 가능할 것이며, 3계통의 분리비 0:1은 triplex(*RtRtRtrt*)와 quadruplex(*RtRtRtRt*)에서 다 가능한 분리라 하였다. 이와 같이 불임자손의 분리비의 다양한 결과는 Tuberosum에 있는 우성 회복유전자(*Rt*)의 존재 여부에 달렸으며 Tuberosum에서의 *Rt* 유전자의 빈도는 0.2라 하였다. 따라서 *Rt*를 포함하는 4배체에서 유도된 반수체는 *Ms* 유전자를 함유하는 2배체종과 교배하였을 때에도 화분임성이 있는 자손을 생산할 수 있을 것이다.

(3) 종간 교배

대부분의 감자종들 간의 교배는 일부를 제외하고는 비교적 잘 되는 편이다. 배수성이 같을 때는 교배잡종들의 임성도 유지되는 경우가 많다. 이는 아마도 대부분의 종들 간에 게놈의 차이가 적기 때문인 것 같다. 2배체간의 F₁잡종에서 감수분열은 비교적 정상으로 진행된다. 그러나 감수분열이 정상으로 진행되어도 화분의 불임성이 있는 경우도 있다. 그 이유가 세포학적 혹은 생리적 조합의 문제인지, 염색체 구조상의 문제인지 규명되지 않았으나, 영양번식을 하는 식물이므로 종자 번식은 못하더라도 종간 잡종이 형성되어 잡종으로 영양번식을 계속할 수 있게 된다(Dodds와 Paxman 1962).

Hawkes(1962)에 의하면 종들의 진화가 유전적 불친화성 때문이 아니라 지리적·생태적 고립에 의하여 이루어졌기 때문이며, 오래 동안 서로 고립되어온 종들이 사람에 의해 서식지에 변화가 생기면 종들 간의 자연적인 교배가 이루어질 수 있었다 한다. 이런 식으로 한 종의 유전자가 다른 종으로 이입된 예를 볼 수 있었다 한다.

같은 열(series) 내에서의 종간은 물론, 다른 열의 종간의 자연교배도 자주 관찰된다. 한 열 내의 종간 교배가 자유로이 될 뿐만 아니라 잡종의 화분모세포의 감수분열기에 염색체 간의 접합(pairing)도 매우 규칙적이다(Swaminathan과 Howard 1953). Ramanna와 Hermsen(1971)은 *S. phureja*(P), *S. bulbocastanum*(B)과 *S. acaule*(A)의 삼중 잡종(AABP)이 동질4배체와 같이 12개의 4 동위(homeologous)염색체들 간의 4가 염색체를 관찰하기도 하였다.

그러나 게놈 간의 접합이 그들 잡종의 임성의 척도가 될 수 없는 경우도 있다. 예를 들어 *S. acaule*(A), *S. etuberosum*(E), S.

pinnatisectum(P)을 포함하여 게놈구성이 AAEP인 삼중교배잡종에서 *S. etuberosume*과 *S. pinnatisectum*의 게놈 간에 완전한 염색체 접합이 관찰되었다. 이 두 종은 각각 Estolonifera와 Potatoe의 다른 subsection(아절, 亞節)에 속하는 아주 먼 종으로 분류되었고(Hawkes 1990), 이 두 종간의 잡종은 완전 불임인 것으로 밝혀졌다(Hermsen과 Taylor 1979). 이러한 결과는 거리가 먼 종 간에는 염색체 접합 이외에 다른 종간 불친화성의 기작이 있다는 것을 제시한다.

같은 배수성끼리 교배에 의한 잡종은 대부분 임성이 있는 같은 배수성의 잡종을 생산한다. 그러나 같은 배수성끼리라도 교배가 안 되는 경우가 있다. 2배체성 유전을 하는 4배체끼리는 교배가 잘 되나, 4배체성 유전을 하는 4배체인 *S. tuberosum*은 2배체성 유전을 하는 4배체 종과는 교배가 쉽지 않다. 이와 같이 2배체성 유전을 하는 4배체와 4배체성 유전을 하는 4배체는 교배가 잘 되지 않으나 2배체성 유전을 하는 2배체와 2배체성 유전을 하는 4배체는 교배가 잘 된다. 배수성 간의 교배에 대한 자세한 설명은 EBN 설명을 참조하면 이해가 될 것이다.

(4) 재배종과 근연야생종의 교배

감자의 근연야생종의 배수성은 2배체에서 6배체까지 200종 이상이 알려져 있다. 일반적으로 가장 널리 재배되고 있는 감자는 4배체(2n=4x=48)이나, 일부에서 재배되고 있는 근연종은 2배체에서 5

배체까지 있다. 이러한 여러 종들 간의 종간 교배의 장벽의 원인으로는 암술대(화주)에 의한 것, 배수성과 EBN(endosperm balance number)에 의한 것을 들 수 있다. 감자의 육종에서 야생종의 유전자를 재배종으로 이입시키기 위해서 야생종과 재배종의 교배성을 아는 것이 중요하다고 생각된다.

Hawkes(1990, 1994)는 형태적, 생태-지리적 데이터를 기초로 하여 열(sereis) 간의 관계를 제안하였다. 그는 꽃잎의 형태가 감자종의 경계를 설정할 수 있는 좋은 특성이며, 진화과정에서 이 특성의 변화가 감자종의 진화를 대표한다고 하였다.

그는 아절(subsection) Potatoe를 초열(超列, superseries) Stellata와 Rotata 둘로 분리하고 이들 superseries 내에서 형태적, 지역적 관계를 고려하여 원시형(primitive)과 진보형(advanced)으로 다음과 같이 분류하였다: superseries Stellata에 원시형과 진보형, superseries Rotata에 원시형과 진보형으로 분류하고, Stellata 원시형에서 Rotata 진보형으로 갈수록 재배종과의 관계가 가깝고, 원시형 Stellata($2x$(1EBN))로부터 진보형 Rotata($4x$(2EBN과 4EBN))와 $6x$(4EBN)에 이르기까지 배수성과 EBN이 일반적으로 점점 더 증가하는 경향을 보이고 있다. 따라서 4배체(4EBN)의 *S. tuberosum* 재배종과의 교배는 진보형 Rotata로 갈수록 배수성이나 EBN의 차이가 없거나 적어져 잘 될 것으로 기대된다.

Jackson과 Hanneman(1999)은 재배종과 야생종 간의 교배성을 체계적으로 분석하고자 재배종에 Etuberosa를 포함하여 18열(series)에 속하는 134종의 500계통(PI accessions) 이상을 교배하여 위에 설명한 Hawkes(1990)의 분류에 따라 교배성공 정도를 분석하였다. 가장 거리가 먼 Etuberosa와의 교배에서는 예외적인 열매 한 개를 제외하고는 교배율이 매우 낮았다. 재배종과 관계가 가까울수록 종자 생산(종자수/열매, s/f)과 교배효율성(CE=(s/f)/교배수)이 증가하였다.

또 자웅(雌雄) 교배방향에 따라 차이가 나타나는 현상을 발견하였다. 재배종에 거리가 먼 부류인 원시형 Stellata, 진보형 Stellata, 원시형 Rotata 야생종을 화분친으로 교배하였을 때 교배에 성공하는 조합이 있었으나 이들을 자방친으로 사용하였을 때는 교배가 되지 않았다. 그러나 진보형 Rotata에 속하는 열의 종들은 자방친으로 교배되었을 때 교배효율이 더 높았다.

배수성에 따른 분석을 보면 4배체(4x, 4EBN)인 *S. tuberosum* 재배종에 4배체, 5배체, 6배체 종을 교배한 경우 배수성의 차이가 없거나 적어 대부분 성공하였다. 교배가 성공한 종들은 대개 2EBN 혹은 4EBN이었다. 4EBN종들은 같은 EBN이므로 성공한 것이고 2EBN종들은 2n 배우자 생성으로 인하여 4EBN인 재배종과 교배가 성공한 것으로 판단되었다.

야생종 중에서 2n 배우자를 생성하는 종들은 2배체라도 4배체(4EBN)의 재배종과 교배가 가능하므로 감자육종에서 유용한 유전자원으로 이용될 수 있다. 거리가 먼 종과의 잡종은 불임이 문제가 되는 경우도 많다(Hawkes 1990).

Jackson과 Hanneman(1999)의 결과에서도 원시형과 진보형의 Stellata, 원시형의 Rotata들과 4배체 재배감자와의 잡종들에서 웅성불임이 나타났고, 종자의 발아능력도 많이 낮다는 것을 지적하였다. 이 결과에 의하면 재배품종과의 교배효율성이 높고, 종자를 생성한 종들은 Tuberosa 열의 야생종과 재배종, Conicibaccata 열과 진보형 Rotata에 속한 종들이었다. 예외적으로 Etuberosa 열의 *S. fernandezianum*은 2배체이며 1EBN인데도 불구하고 재배종과의 교배에서 열매 1개에서 많은 종자를 수확하기도 하였다.

야생종의 유전자원을 재배종에 사용하려면 몇 가지 고려해야할 것들이 있다. 양친간에 화주장벽(花柱障壁, stylar barrier)이 있는지? 이 경우에는 상호교배로 해결할 수 있다.

예를 들어 자가화합성인 종은 자가불화합성인 종(일부 재배품종)과 한 방향으로만 불친화성을 나타내는 경우도 있다(Grun과 Aubertin 1966).

다음으로 EBN이 서로 동일한지 아니면 2n 배우자를 생성하여 EBN 차이를 극복할 수 있는지를 고려해야 할 것이다.

세 번째로는 생산된 잡종의 임성도 고려해야 한다. 몇 개의 종과 반수체 Tuberosum에서 유전자–세포질(genic–cytoplasmic) 불임성이 발견되기도 하였다(Hermunstad와 Peloquin 1985).

(5) 불친화성 야생종형질의 재배종으로의 도입

야생종의 형질을 재배종으로 도입하는 작업은 감자의 육종이 시작된 때부터 실행하였으나, 근래에 실행되는 몇 가지 예로만 설명하고자 한다. *S. commersonii*는 재배종인 *S. tuberosum*과는 교배가 되지 않으나 내병성, 내충성(Hanneman과 Bamberg 1986, Kim-Lee 등 2005), 고비중(high specific gravity)(Ehlenfeldt와 Hanneman 1988), 내상성(耐霜性 frost resistance)(Vega와 Bamberg 1995), 내서성(耐曙性 heat resistance)(Palta 등 1981) 등 여러 가지 유용한 특성을 지닌 종이다. 따라서 염색체 배가(Carputo 등 1997), 세포융합(Kim 등 1993) 등을 이용하여 이 두 종 간의 교배장벽을 극복할 수 있었고 임성이 좋은 잡종들을 선발하여 재배종과의 후대도 생산할 수 있었다(Kim-Lee 등 2005, Baron 등 1999).

S. commersonii(1EBN)의 염색체를 배가한 4배체의 *S. commersonii*(2n=4x=48, 2EBN)와 *S. tuberosum* 반수체(2n=2x=24, 2EBN)를 교배하여 3배체의 F$_1$ 잡종을 획득하여 4배체의 *S. tuberosum*(2n=4x=48, 4EBN)과 교배하여 얻은 BC$_1$ 자손은 5배체에 가까운 염색체 수(2n=58–68)를 가졌다. 이는 3배체 잡종의 2n 난자와 4배체 *S. tuberosum*의 n 화분이 교배된 결과인 것을 짐작할 수 있다. 그러므로 5배체 BC$_1$의 게놈구성은 *commersonii* 2와 *tuberosum* 3인 CCTTT일 것이다.

BC$_1$은 감수분열기의 이동기(diakinesis)에 염색체 간의 대합이 많았고 4가 염색체도 볼 수 있었다 한다. 이는 *commersonii*와 *tuberosum*의 염색체 간의 대합이 있다는 것을 제시한다. 5배체의 BC$_1$과 재배종을 교배하여 얻은 BC$_2$의 염색체 수는 주로 이수체(2n=48+)로 다양하였으나 4배체(2n=48) 개체도 있었다. 검사한 모든 BC$_2$에 *S. commersonii* 특이 RAPD 표지(marker)가 있다는 것을 확인하였다(Carputo 등 1997, Barone 등 1999).

이와 같이 EBN이 달라 재배종과 교배되지 않는 야생종의 배수성을 변형시켜 재배종과 교배하여 야생종의 유전자를 재배종으로 이전시킬 수도 있다.

Watanabe 등(1995)은 보조 화분친을 이용하고 배를 미리 추출하여 배양하는 배구출(胚救出, embryo rescue) 방법으로 괴경을 형성하지 못하는 Etuberosa열의 3종, *S. brevidense*, *S. etuberosum*, *S. fernandezianum*과 2배체 감자를 교배할 수 있었다. 2배체 감자의 자방친에 Etuberosa 계통 개개의 화분으로 수분하고 하루 뒤에 *S. phureja* 계통 IvP35의 화분으로 구원의 수분을 한다. IvP35는 반수체 유기를 위해 사용하는 계통으로 배에 진한 자색 반점을 나타나게 하는 우성인자에 대해 동형접합자이므로 이 화분이 수정되어 생산된 종자는 자색반점으로 판별할 수 있다.

Etuberosa 계통이 수정되었다 해도 제대로 발달하지 못할 것이 예상되므로 수분 2주 후에 배를 적출하여 배지에 옮겨 배양하였다. 배지에서 생장하는 배를 관찰하여 자색반점인 경우에는 제거하고 반점이 없는 유식물체만 선발하여 배양하였다. 식물체로 성장한 후에 형태적으로 평가하여 단위생식에 의한 1배체(monoploid), 자가수정된 2배체를 제거하고 형태적으로 Etuberosa종이 교배된 것으로 판단되는 계통은 다시 Etuberosa에만 있는 분자표지(molecular marker)와 *tuberosum*에만 있는 분자표지를 이용하여 Etuberosa와 *tuberosum*의 잡종을 확인할 수 있었다. 세포융합 기술이 발달하여 세포융합을 통한 유전자 유입이 많이 이용되고 있다(제4장-2의 세포융합 참조).

3

세포유전학과 분자유전학

1. 게놈의 구성과 핵형분석
2. 이수체
3. 분자유전학 연구와 세포유전학 연구

감자 꽃

형질이 유전하는 것을 볼 수는 있으나 멘델이 논한 유전자는 눈으로 확인할 수 없고 추상적으로 유전에 관여하는 입자인 유전자가 있다는 것을 이론적으로 증명한 것이며 이에 준하여 발달한 유전학은 추상적인 학문이라 할 수 있다. 유전자가 염색체 위에 있다는 것이 증면된 후 염색체의 구조 변화에 따른 유전의 변화, 형질의 변화를 추적하고자 하는 좀더 구체적인 세포유전학이 발달하게 되었다.

세포 유전학은 염색체를 구체적으로 보는 것이 중요하므로 현미경의 발달과 함께 염색체의 염색기술과 슬라이드 제작기술의 발달로 세포유전학이 유전학발달에 미친 영향도 크다 하겠다. 분자유전학의 진전은 유전학에 또 다른 획기적인 발달을 가져와 최근에는 Biotechnology(BT)가 인류의 역사를 바꿔 놓을 만한 학문과 기술로 대두되고 있다.

감자에서도 분자생물학적 연구는 분자표지로, 세포유전학적 연구는 염색체의 모양으로 연구하며 오랫동안 이 두 학문이 평행한 길로 나가 서로 연계가 되지 않고 있었다. 최근에 감자 염색체의 기술과 분자표지를 이용한 기술이 합쳐져 분자적으로 표시되는 유용유전자를 염색체에 직접 표시해줄 수 있는 기술이 발달하였다. 감자의 육종, 세포유전학과 분자유전학 세 분야의 통합적인 연구는 앞으로 감자육종에 더욱 획기적인 발달을 가능하게 하리라 생각된다.

1. 게놈의 구성과 핵형분석

감자와 근연종의 염색체 수는 2n=24부터 2n=70까지 다양한 종이 자연상태에 존재한다. 이에 대한 게놈의 염색체 수에 대하여 x=6 혹은 x=12로 두 가지 의견이 있었으나 세포학적, 분자적 연구의 결과 기본 게놈의 염색체 수는 12인 것으로 인정되고 있다. 핵형분석도 여러 연구자에 의하여 다양한 분석이 나왔으나 최근에는 세포학적 분석에만 의존하지 않고 분자적 분석과 함께 이용되고 있다.

(1) 게놈의 구성

재배감자의 염색체는 크기도 작고 수도 많아 세포학적인 연구가 어렵다. Smith(1927)에 의해 *S. chacoense, S. jamesii* 같은 근연종의 염색체 수가 n=12, 2n=24이고, *S. demissum*은 n=36이라는 것이 보고되었다.

이로써 감자의 기본 염색체 수는 x=12이고 배수체가 있다는 것을 인식하기 시작하였다. 감수분열기의 2차접합(secondary association)이나 동질접합(autosyndesis) 같은 게놈의 비상동성 염색체 간의 접합을 기초로 하여 기본수가 x=6이라고 주장한 이들도 있었다(Lamm,1945, Howard과 Swaminathan, 1952). 그러나 많은 연구자들에 의한 여러 면의 고찰 결과 기본수는 x=12라는 결론이 일반적으로 인정되고 있다.

*Lycopersicon*속의 1배체의 유전분석을 통해 게놈 내에서의 homeology(동위성)를 발견한 예가 있었고 토마토의 1배체에서 동질접합(autosyndetic pairing)을 관찰하고 기본수를 $x=6$이라고 주장한 이들도 있었다(Swaminathan과 Howard 1953, Gottschalk 19560). Van Breukelen 등(1975)은 감자의 1배체의 감수분열기를 관찰하여 2가 염색체가 없거나 가끔 2개 혹은 3개의 2가 염색체를 관찰하였다. 아주 드물게 3가 염색체, 4가 염색체도 관찰하였다.

Singh 등(1988)은 약배양으로 얻은 1배체의 감수분열기를 분석하였을 때 화분모세포(pollen mother cell, PMC) 당 2.07-3.0개의 2가 염색체를 관찰하였으나 이들은 대개 이형접합이였으며, 이들 1배체의 양친인 2배체와 콜치친 처리로 얻은 2배체의 감수분열기 관찰 결과 PMC의 85%는 12개의 2가 염색체를 형성하였고 나머지는 일찍 분리된 1가 염색체였다. 이 결과를 토대로 1배체의 염색체 간에 중복된 서열이 존재하여 1배체에서 염색체 대합이 존재하고 2배체에서 관찰되는 3가 염색체나 chromatin bridge(염색질 다리)는 이들 중복된 염색체부위에서의 교차 때문일 것이며 따라서 기본수는 $x=12$라고 하였다(Wilkinson 1994).

Petota 절(section) 내에서 2배체들 간의 잡종은 인공적으로는 물론 자연상태에서도 자주 관찰된다고 보고되고 있다. 같은 열(series)의 종들 간에는 자유로이 교잡될 뿐 아니라 이들 잡종의 감수분열기에서 염색체 간 접합도 양친에서와 비슷한 정도로 규칙적인 것을 발견할 수 있었고(Magoon 등 1958), Singh 등(1989)은 화분모세포의 감수분열에서 교차빈도도 양친에서와 비슷하거나 때로는 더 많은 경우도 있다고 보고하였다. 그러나 분자적 연관관계를 분석한 Gebhardt 등(1991)은 종간(interspecific) 잡종에서의 재조합율은 종내(intraspecific) 잡종에서보다 저조하다고 보고하였다(Wilkinson 1994).

감자와 이의 근연종이 속해 있는 Petota 절 내의 종들의 게놈관계를 잡종의 염색체대합과 임성정도를 연구하여 petota 절의 게놈을 5종류 A, B, C, D, E로 구분하였고, 2배체에서 5배체에 이르는 모든 재배감자는 모두 A-게놈에 속한다고 하였다(Matsubayashi 1991).

종간 잡종의 염색체 대합

S. tuberosum ssp. *tuberosum*(2n=48)과 ssp. *andigena*(2n=48)의 반수체(2n=24)와 이들 간의 잡종의 감수분열기를 검사한 결과 모두 정상적이었고 특히 잡종은 양친보다도 더 정상이라 하였다. 불규칙한 것으로 지적할 수 있는 것은 2가 염색체가 미리 분리한다든가 다소 늦게 분리하는 정도였다.

반수체와 이들의 잡종에서 이와 같이 규칙적인 2가 염색체를 구성한다는 것은 이 두 아종(subspecies)이 동질4배체이며 *tuberosum*이 *andigena*로부터 유래한 것을 시사한다고 하였다(Yeh 등 1964).

Marks(1968)는 *S. morelliforme*(2n=24)와 *S. clarum*(2n=24) 사이의 잡종과 잡종후대의 감수분열기를 분석하였다. F_1과 F_2에서

제1 중기와 태사기에서 네 개의 염색체가 관련된 전좌형태의 구조를 보여 이 두 종의 잡종은 전좌잡종인 것을 확인할 수 있었다. 또 일부 F₁의 제1 분열 후기에 역위잡종일 때 생길 수 있는 염색분체의 dicentric bridge(2동원체 다리)와 acentirc fragment(무동원체 조각)를 관찰하였으나 이러한 형태는 감수분열기의 염색체의 절단과 재융합으로도 발생할 수 있다. 그러나 역위잡종임을 확인할 수 있는 태사기의 고리(loop) 모양의 형태를 관찰할 수 없었으므로 역위에 대해서는 추정만 하였다.

괴경형성종인 *S. Pinnatisectum*과 비괴경형성종인 *S. etuberosum*의 F₁ 식물에서는 불규칙적인 비정상의 감수분열기가 관찰되었다(Ramanna와 Hermsen 1979). 예를 들면 화분모세포의 제1 감수분열 중기에 2가 염색체의 수는 평균 3.6이며 이것도 많은 것이 이형(異形)염색체의 대합이고, 1가 염색체가 대부분(16.6)으로 세포에 흩어져 있었다.

괴경형성 *Solanum*종과 비괴경형성 *Solanum*종인 *S. etuberosum, S.fernandizianum, S.palustre*(S. brevidens)를 교배한 잡종에서 염색체대합의 실패와 불임의 결과를 기초로 하여 이들의 게놈을 각각 E1, E2, E3로 명명하였다(Ramanna와 Hermsen, 1979, Watanabe 등 1995).

Perez 등(1999)은 *Solanum*의 A-게놈과 E-게놈의 유전자좌의 배열을 연구하기 위하여 E-게놈에 속하는 *S. palustre*×*S. etuberosum*의 F₂ 자손을 이용하였다. 토마토와 A-게놈의 재배감자에 지도(mapped) 된 281개의 probe(탐색자) 중에서 109개의

분리하는 유전자좌(loci)를 발견하였다. E-게놈의 유전지도
(genetic map)에서 토마토와 A-게놈의 대부분의 연관그룹이 보존
되어 있으나 여러 종류의 전좌, 역위와 자리이전(transposition)이
발견되었다.

이러한 구조적 차이로 인하여 A-게놈 종과의 잡종이 불임이 된
것으로 추정하였다. 이러한 염색체의 구조적 차이 때문에 이들은
A-게놈과 다른 게놈으로 취급하는 것이 타당하다고 주장하였으
며, *Etuberosum*종들의 유용한 유전자가 감자로 이전되기 어려
운 것도 이에 원인이 있다고 주장하였다.

야생종을 이용한 종간 교배나 종간 세포융합으로 잡종을 만들
어 육종하는데, 이는 야생종의 유용 유전자를 재배종에 이전하는
데에 그 목적이 있다. 이를 위하여서는 야생종과 재배종 염색체
간의 재조합이 일어나야 한다. 잡종 혹은 잡종 후대의 감수분열기
에 염색체 접합을 관찰하여 재조합의 가능성은 알 수 있으나 재조
합을 확인할 수는 없다. 1990년대 이후에 여러 종들의 분자표지
를 이용하여 다른 종의 염색체 간의 재조합 여부를 확인할 수 있
었다. 이에 관한 자세한 내용은 본장 3의 「분자유전학」에 설명되
어 있다.

(2) 핵형분석

쉽고 신빙성 있는 핵형분석 방법에 의해 염색체를 구분할 수 있
있다면 식물의 세포유전학 연구에 큰 영향을 미칠 것이다. 그러나

작은 염색체를 가진 식물에서는 염색체 구분이 아주 어려운 과제로 되어 있다. 옥수수, 토마토, 벼에서는 태사기에서의 염색체 구분이 성공적으로 이용되었다. 그러나 태사기의 염색체를 관찰하기 위한 과정이 어렵고 재료의 확보도 항상 할 수 있는 것이 아니다. 또한 한 세포에서 모든 염색체를 다 구분한다는 것은 매우 어렵다.

감자는 염색체의 크기가 작고 체세포분열기의 염색체 모양도 비슷한 것들이 있어 핵형분석 연구는 제한적으로 되어 있다. 태사기의 염색체를 이용하여 핵형분석을 하였으나 이들의 기준이나 방법이 서로 달라 의견이 분분하다.

Haynes(1963)는 태사기의 염색체를 구분하기 위하여 장완 단완의 비, 염색소립(chromomere)의 수, 크기, 위치, 진정염색질과 이질염색질의 길이 등을 기준으로 하였다. *Solanum canasense*의 태사기 염색체의 핵형분석을 하여 핵형도(idiogram)를 작성하였는데 주로 동원체의 위치, 개개 염색체의 형태를 이용하여 구분하였다. 세포에 따라 각 염색체의 장완 단완의 비는 비슷하였으나 염색체의 길이에는 다소 차이가 있었다.

Yeh와 Peloquin(1965)은 *S. tuberosum*의 반수체에서 감수분열기의 태사기를 아세토카민으로 염색하여 12 염색체를 구조적으로 분석, 구별할 수 있었다. 모든 염색체가 동원체 양쪽 가까이에 진하게 염색되는 부위가 있고, 말단부위에 말단소립이 있었다. 이들은 염색체의 장완과 단완의 비, 태사기의 염색체의 길이의 변이가 많고 슬라이드 제작에 따른 변화도 있어 진정염색질과 이질

염색질의 상대적 길이에 중점을 두어 분석하였으나 정식으로 핵형도의 작성은 하지 않았다. 그 중 1번과 3번, 6, 7번과 8번, 11번과 5번 염색체가 비슷하였으나 각 염색체의 전체 길이, 동원체의 위치, 이질염색질의 부위와 크기 등 형태적 특성을 고려하여 12개 염색체의 구별이 가능하도록 각각의 특성을 기술하였다.

Lam과 Erickson(1968)은 *S. chacoense*의 태사기 염색체를 분석하여 염색체 길이와 장완 단완의 비를 비교하고 핵형도를 작성하였다. 모든 염색체의 말단소립이 뚜렷하여 염색체 길이의 측정에 어려움은 없었다고 하였다. 염색체의 길이가 긴 것일수록 장완/단완 비(比)의 변화가 커서 짧은 염색체에 비하여 표준편차가 크게 나타났다. 긴 염색체의 장완의 주 구성분은 진정염색질이고 진정염색질 안의 염색소립은 이질염색질의 염색소립보다 덜 수축되므로 세포에 따라 수축률에 차이가 있는 것이라 설명하였다.

Marks(1969)는 *S. clarum*의 태사기 핵형분석을 하였는데, 이 종의 염색체도 일반적인 형태는 Yeh와 Peloquin(1965)이 서술한 *tuberosum*의 형태와 비슷하였고 두 종 모두 2번 염색체가 인형성염색체이고 11번과 12번 염색체가 서로 비슷하다고 하였다. 그러나 *S. chacoense*에서는 3번 염색체가 인형성염색체로 되어 있다(Lam과 Erickson 1968).

Mok 등(1974)은 처음으로 감자 체세포 염색체를 Giemsa C 밴드 염색으로 구분하였고 banding 기술에 의한 체세포 염색체와 태사기 염색체를 연관지을 수도 있었다(Lee와 Hanneman 1976). Giemsa C 밴드 염색 기술로 12개의 염색체를 구별할 수는 있었으나, 전좌 등 염색체의 형태적 변이를 구별하기는 힘들 것으로 생각한다.

Pijnaker와 Ferwerda(1984)는 Giemsa C 밴드 염색법을 좀 더 발전시켜 12 염색체의 핵형도를 제안했으나 이 역시 비슷한 염색체들이 여러 개 있었다. 이들의 핵형분석으로 좀 더 자신있게 논할 수 있는 것은 감자의 기본 염색체 수는 $x=12$로, 감자의 게놈이 $x=6$에서 진화 과정 중 배가된 것은 아니라는 것이다.

감자의 태사기 핵형분석으로 Yeh와 Peloquin(1965)은 감자 염색체와 토마토 염색체의 상당한 유사성을 지적하였다.

그 후 Bionerbale 등(1988)은 토마토의 cDNA를 사용하여 감자의 염색체를 비교한 결과 감자와 토마토의 염색체가 상당히 비슷하다는 것을 판명하였다. 135개의 분자표지로 연관군을 분석하였을 때 감자의 모든 계통들의 연관군이 토마토의 것과 같았고 12개 중 9개의 염색체에서는 분자표지들의 순서까지 같았고 다른 세 염색체는 평동원체역위(paracentric inversion)가 있는 것으로 판단되었다. 그러나 감자와 토마토 모두 중복된 염색체는 발견되지 않았다. 이것 또한 감자의 기본 염색체 수가 $x=6$이 될 수 없다는 것을 지적한다.

Gebhardt 등(1991)은 492 DNA fragments(조각)가 12 연관군의 304좌(loci)에 있으며 이들의 전체 길이를 1034 cM이라고 발표하였다. 239개의 probe 중 189개(78%)가 단일좌에 위치하였고 50개(22%)는 2개 혹은 3개의 좌에 위치하였다. 이들이 감자와 토마토를 비교한 결과 64개 표지 중에 단지 3개만 서로 다른 염색체에 위치하였다.

(3) 분자생물학 기술과 핵형분석

세포학적인 핵형분석만으로는 감자의 세포유전학 연구가 한계에
봉착하여 1990년 이후 큰 발전을 보지 못하였다. 감자의 염색체
를 정확하게 구분할 수 있는 방법을 개발해야 할 필요성이 절실해
졌다.

Random frgment length polymophism(RFLP, 제한효소 절편
길이 다형성) 같은 DNA 표지 기술을 이용하여 특정 생물 종의 유
전적 연관군 지도를 작성하는 예를 많이 볼 수 있다. 세포유전학
연구를 위해서는 유전적 연관군은 실제의 염색체에 물리적으로
연관되어야 한다. 따라서 좀 더 발전된 세포유전학적인 기술과 분
자생물학적 기술이 융합된 새로운 기술이 개발되어야 할 것이다.

다행히 감자의 염색체로부터 BAC(bacterial artificial chromosome)
library가 만들어졌고(Song 등. 2000), FISH(fluorescence *in situ*
hybridization, 형광 동소 혼성화) 방법을 이용하여 감자 염색체 12개
각각에 특이적인 BAC클론들을 분리, 구분할 수 있었다(Dong 등.
2000).

즉 이들 BACs로 만들어진 FISH 신호(signal)는 특정 염색체의
표지가 될 수 있다. 이 BACs는 감자의 염색체를 구분할 수 있는
염색체 특이 세포유전적 DNA 표지(CSCDMs, chromosome-
specific cytogenetic DNA Markers)로 이용될 수 있다.

이질염색질은 염색질이 심하게 응축되어 세포 염색을 하면 진하게 염색되기 때문에 진정염색질과는 현미경으로 쉽게 구분된다. 진정염색질은 일반적으로 전사 기능이 있는 부위이나 이질염색질은 전사기능이 없고 DNA 복제가 늦게 진행되고 유전적 재조합을 억제하며 그 안에 있는 진정염색질 유전자의 발현을 방지하는 부위로 알려져 있다. 이질염색질은 세포학적으로는 쉽게 구분할 수 있으나 DNA 서열이 반복되어 있고 복잡한 특성 때문에 분자생물학적으로 그 특성을 분석하기는 쉬운 일이 아니다.

감자의 근연야생종 *S. bulbocastanum* 계통 PT29(2n=2x=24)로 만든 BAC library와 *S. tuberosum*(2n=4x=48)의 재배품종 Katahdin의 반수체 계통 USW1(2n=2x=24)로 만든 BAC library를 이용하여 감자의 이질염색질 부위의 특정 DNA 서열을 밝힐 수 있었다(Stupar 등 2002).

감자의 BACs 중 고도로 반복된 DNA 서열을 가지고 있는 클론을 찾기 위하여 약간의 *bulbocastanum*의 게놈 DNA를 probe로 하여 *bulbocastnum* BAC library를 검사하였다. 이중에 클론 2D8이 게놈 DNA와 가장 강력한 혼성화 신호(hybridization signal)를 보여주어, 이 BACs 중 2D8이 감자 게놈의 가장 높은 반복DNA 부위를 포함한다는 것을 제시하였다.

2D8의 삽입크기(insert size)는 230kb이고 이를 제한효소 HindIII로 절단하였을 때 3개의 밴드가 나왔고 이중 5.9kb band가 가장 강한 신호를 보내 BAC 2D8 insert는 주로 5.9kb tandem repeat를 함유한다는 것을 제시하므로 이를 subclone하

였다. 이 5.9kb subclone(2D8 repeat로 명명)을 HindIII로 자른 *S. bulbocastanum*의 게놈 DNA에 Southern hybridization(서던 혼성화)하여 이와 같은 5.9kb 반복 단위(unit)가 있고 그 외에도 더 큰 밴드가 5.9kb subclone과 혼성화된 것으로 판명되었다.

S. tuberosum USW1의 반수체 계통의 체세포 중기 염색체에 5.9kb subclone을 이용하여 FISH 분석한 결과 번호를 확인할 수 없는 1개 염색체의 동원체부위에만 나타나 이 부위는 hemizygous(단가접합성) 상태인 것을 알 수 있었다. 같은 세포를 rDNA probe를 사용하여 FISH 분석하여 이 부위가 인(仁) 형성부위인 것을 추정하였다. USW1의 감수분열기의 태사기에 FISH를 하였을 때 5.9kb subclone, 2D8 repeat가 한 곳에 나타났고 이 부위는 이질염색질 부위였다. *S. bulbocastanum*의 체세포 중기 염색체에 5.9kb subclone으로 같은 FISH 분석을 하였을 때 4개의 염색체에서 신호가 나타났고 이 4개의 장소가 모두 동원체 부위였다. 이 부위 또한 인형성체 부위와 혼성화(hybridize) 되었다.

*S. bulbocastanum*의 태사기의 염색체에 FISH를 하였을 때 4곳에서 신호가 나왔으나 서로 접합하지 않은 부위이므로, 이들 4좌가 서로 상보성인 부위가 아니라 hemizygous라는 것을 제시하였다. 하나의 5.9kb 2D8 subclone은 5862bp로 AT-rich와 GC-rich의 두 종류의 단위체(monomer)인 것이 규명되었고 이 또한 감자 rDNA의 intergenic spacer(IGS)의 서열과 상동인 것으로 밝혀졌다(Stupar 등 2002).

2. 이수체

이수체 특히 3염색체 식물은 세포유전 연구에, 특히 유전자가 위치하는 염색체를 판단하는 데, 특정 염색체 상의 연관군을 구분하는 데 유용하게 이용된다. 이수체는 3배체-2배체의 교배로 생산되고(Lee 1970, Lee 등 1972, Wagenvoort와 Lange 1975), 4배체의 *S. tuberosum*에서 단위생식으로 유도된 반수체에서도(Hermsen 등 1970) 많은 이수체가 발견되었다.

(1) 이수체의 생성과 과외염색체

S. tuberosum Group Tubersum과 Group Andigena와 콜치친으로 염색체가 배가된 *S. chacoense*를 자가수정하여 생긴 4배체의 *S. chacoense*를 재료로 단위생식으로 반수체유도를 위한 수분을 하여(제2장-1 참고) 다수의 2배체와 함께 이수체를 얻을 수 있었다.

이수체의 대부분은 염색체가 1개 더 있는 3염색체(2n=25)이나 아주 드물게 2중(double) 혹은 3중(triple) 3염색체도 있었다. 이수체의 비율은 Andigena에서는 1.5%, Tuberosum에서는 7.6%이고 콜치친으로 배가된 *chacoense*에서는 9.4%로 가장 높았다 (Hermsen 등 1970). 이러한 이수체는 자방친으로 사용된 4배체가 배우자를 형성할 때 이수성의 배우자를 형성하여 생긴 것으로,

*chacoense*가 가장 높은 율의 이수체를 생산하였다는 것은 동질 4배체로서 감수분열기에 다가 염색체를 형성한 때문이라고 생각된다.

Wagenvoort와 Lange(1975)는 *S. tuberosum* Group Tuberosum에서 단위생식으로 유도된 반수체 자손 중에서 3.5~11.0%가 이수체였고 이수체 중에 95%가 2n=25의 3염색체였고 2중 3염색체(double trisomics, 2n=26) 이상의 것은 발견되지 않았다. 몇 계통의 3염색체를 분석하여 염색체 2, 5, 7, 9(Yeh와 Peloquin 1965의 염색체 번호 체계)의 1차 3염색체(primary trisomics) 라는 것을 판명할 수 있었다. 과외염색체가 자방친을 통하여 차세대로 전달되는 비율은 염색체의 종류에 따라 차이가 있어 10.0% 부터 47.1%이었다.

3배체×2배체의 교배로 많은 수의 이수체를 생산할 수 있었다. $3x-2x$의 종간 교배 자손에서 평균 78%(40%~100%)가 이수체였고 이중 60%가 2n=25이고 40%는 2n=26~27이었다. 대부분의 3염색체는 임성이 좋았고 자방친을 통한 과외염색체의 전달은 20~24%였다.

특이한 것은 Vogt와 Rowe(1968)의 연구에서 감수분열기의 염색체 형태로 분석된 7개체에서 3염색체의 과외염색체는 모두 isochromosome(동위염색체)이었다. $3x-2x$의 종간 교배자손의 30%가 복이수체(multiple aneuploid, 2n=26-29)였고 이들 복이수체는 일부의 왜성 개체가 있기는 하였으나 대부분 포장에서 왕성한 성장을 하였다.

감수분열 제1 중기에 과외염색체당 0.54~0.72의 3가 염색체를 구성하였으며 '사슬형', 'Y' 형의 3가 염색체가 많았으며, isochromosome에서만 가능한 '원형'도 나타났다(그림 3-1:1-6). 3가 염색체의 형성빈도와 염색체의 길이와는 관련이 없었다. 태사기염색체의 분석 결과 6개체 중 5개체의 염색체에서 하나 혹은 둘의 isochromosome을 확인하였고 확인된 염색체는 Yeh와

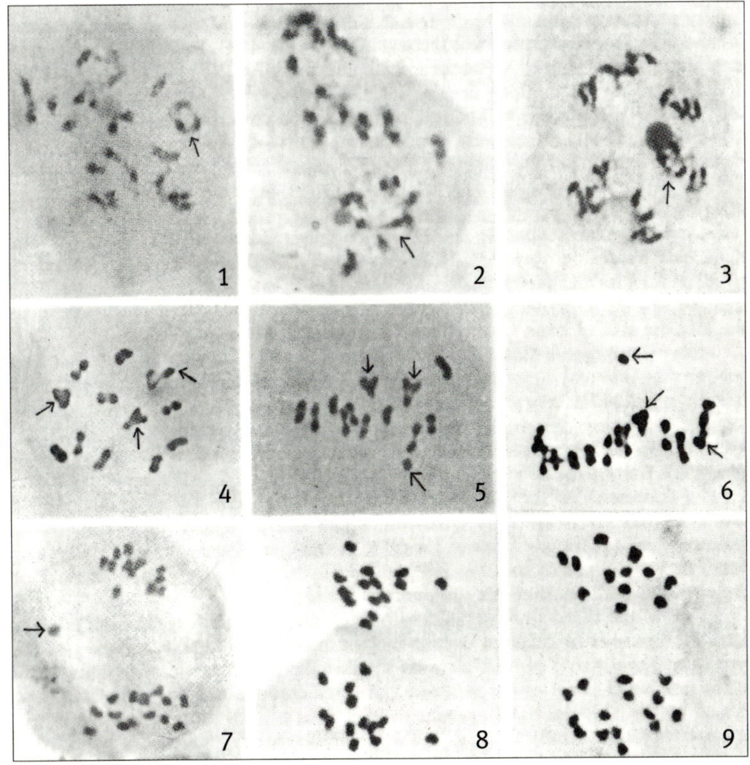

그림 3-1. 다중 3염색체의 제1 감수분열기의 염색체 접합:
(1) 이동기 의 1 Ⅲ(원형) + 11 Ⅱ + 2 Ⅰ, (2) 이동기의 1 Ⅲ(Y 형) + 11 Ⅱ + 2 Ⅰ, (3) 이동기의 1 Ⅲ(사슬형) + 12 Ⅱ, (4) 제1 중기의 3 Ⅲ + 9 Ⅱ, (5, 6) 제1 중기의 2 Ⅲ + 10 Ⅱ. + 1 Ⅰ, (7) 제2 중기의 1의 지연염색체(lagging chromosome), (8) 제2 중기의 13-14분포, (9) 제2 중기의 1-15분포 (Lee 등 1972).

Peloquin(1965)체계의 번호 II, III, IV, X와 XII의 완전염색체와 I, III과 XI의 isochromosome이었다(그림 3-2:1-6a).

같은 종끼리의 $3x-2x$교배 자손에서는 종간의 $3x-2x$에서보다 더 많은 이수체를 생산하였다. 예를 들어 *S. chcoense*, *S. pinnatisectum*, *S.tarijense*의 $3x-2x$ 교배에서 자손의 평균 7%만이 정배수체(euploid)이고 92%~94%가 이수체였다. 2n=25, 2n=26, 2n=27의 자손이 각각 28%, 31%, 23%였으며 2n=30인 6개의 과외염색체를 가진 것도 있었다. 종간 잡종과 비교하여 과외염색체의 수가 많아도 생존력이 좋다는 것을 의미한다. 이수체자손과 이배체자손을 형태적으로 구별하는 것은 불가능하였다. 특히 염색체가 한두 개 더 있는 3염색체 식물들은 이배체만큼 성장력이 좋았다.

3염색체를 자방친으로 2배체와 교배하였을 때 2n=25인 개체는 대부분이 과당 종자가 25~100개 이상으로 2배체(2n=24)와 큰 차이를 보이지 않았다. 2n=26 개체의 2중 3염색체도 25이하부터 100개 이하의 종자를, 2n=27은 대부분 25개 이하의 종자만을 생산하여 3개 이상의 과외염색체는 임성에 부담이 된다는 것을 시사하였다(Kessel 등 1975).

Lee와 Rowe(1975)는 *S. chcoense*의 3염색체 식물의 태사기 분석에서 3염색체는 모두 2차 3염색체(secondary trisomics)로 과외염색체가 I의 장완, IV의 장완과 단완, IX의 장완과 단완, XII의 단완의 isochromosome인 것을 확인하였다(그림 3-3:1-5a).

*S. chacoense*의 3염색체를 2배체에 교배하여 3염색체인 F_1을

선택하여 편친인 3염색체와 F₁ 3염색체의 임성을 비교한 결과 편

친이 자방친으로 교배되었을 때 수분당 종자수가 평균 37(11-156)

이고 화분친으로 교배되었을 때 37(1-88)이었으나, F₁ 3염색체는

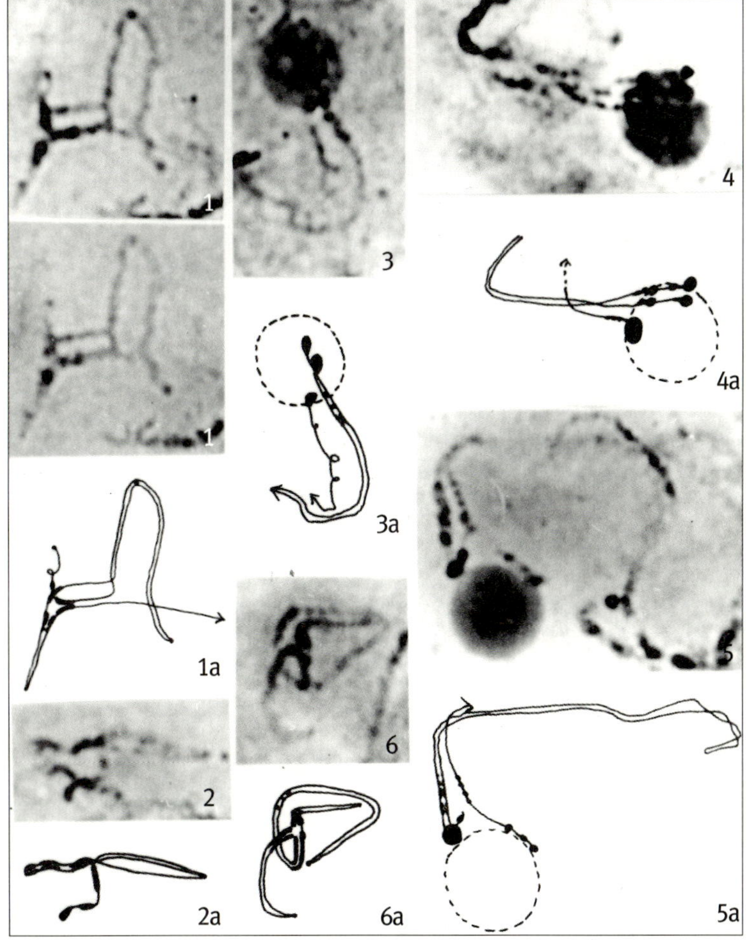

그림 3-2. 태사기에서 3염색체의 과외염색체의 확인:
(1)염색체IV의 1차 3염색체(primary trisomics) 결합, (2)염색체 X의 1차 3염색체 결합, (3, 4, 5) 염색체II(인형성염색체)의 1차 3염색체 결합, (6)염색체 III의 단완 isochromosome의 2차 3염색체 (secondary trisomic) 결합(Lee 등 1972).

대부분 그들의 편친 3염색체보다 임성이 반 정도로 낮아졌다.

Lam과 Erickson(1970, 1971)도 *S. chacoense*에서 인형성염색체에 대한 3염색체와 한 쌍의 12번 염색체 중 하나가 2개의 12번 장완 isochromosom으로 대치된 3염색체(12 + 12L-12L + 12L +12L, di-isotrisomics) 식물을 교배한 결과 두 종류 모두 과외염색

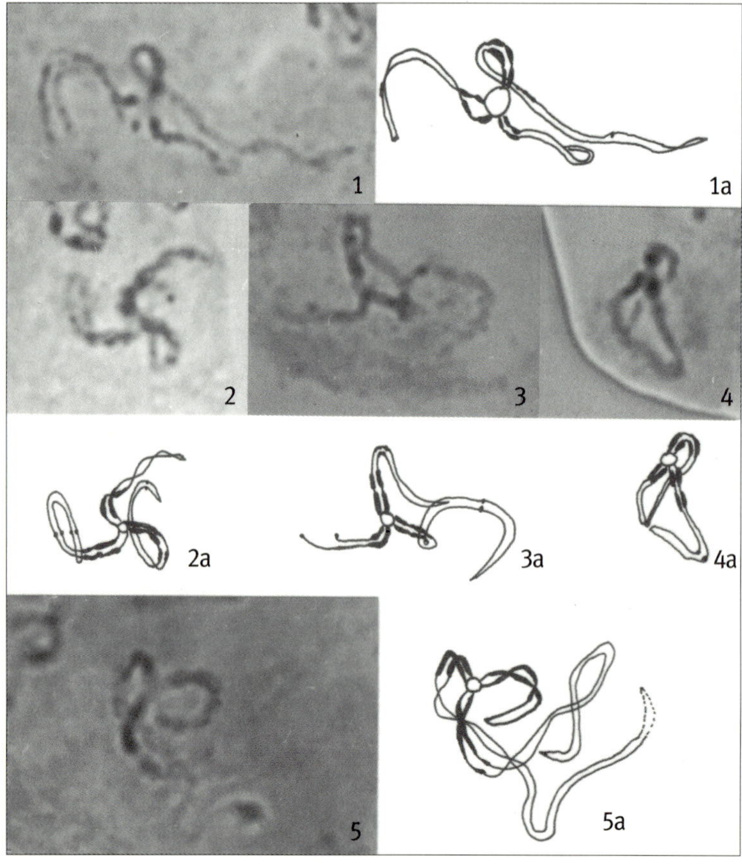

그림 3-3. 태사기에서 2차 3염색체 결합과 과외염색체의 확인:
(1)염색체 IX 단완의 동위염색체, (2, 3, 4)염색체 IX 장완의 동위염색체, (5)염색체 I 장완의 동위염색체(Lee와 Rowe 1975a).

체의 전달률이 자방친에서 높기는 하였으나(22%, 17%) 화분친을 통해서도 전달이 가능하였다(19%, 10%).

(2) 이수체를 이용한 유전분석

흰독말풀(Blakeslee와 Avery 1938), 토마토(Rick과 Barton 1954)와 시금치(Janick 등 1959) 같은 몇몇 식물에서는 3염색체에 따라 다른 종류의 특정형태의 변화가 있어 3염색체를 형태적으로 구별할 수 있다. 그러나 괴경형성 *Solanum*종에서는 단순3염색체(single trisomics)는 물론 삼중3염색체까지도 형태적으로 2배체와 큰 차이가 없어 외관으로 구별하기는 어렵다. 따라서 세포학적으로 핵형분석에 의존하거나 유전분리비로 구별하는 방법을 택할 수밖에 없다. 특정 유전자에 대한 3염색체를 구별하기 위해서는 교배조합 구성에 주의를 할 필요가 있다.

Lee와 Rowe(1975b)가 사용한 분석방법을 간단히 설명하고자 한다. 이들은 꽃과 괴경의 delphinidin 색소를 조절하는 유전자 *P*와 안토시아닌의 acylation(아실화)에 영향을 주는 유전자 *Ac*와 루틴플라보놀(rutin flavonol)을 glucosylate 시키는 유전자 *Gl*을 대상으로 각각 유전자의 표현형을 분석하여 이들 유전자에 대한 3염색체 식물체를 구분할 수 있었다.

우성형질을 나타내는 *S. chacoense* 3염색체 12종류의 개체를 열성동형접합자의 2배체와 교배하여 F_1에서 *P*와 *Ac*가 모두 우성형질을 나타냈으므로 양친으로 사용된 3염색체 식물은 모두 우성

동형접합자라는 것을 확인할 수 있었고 F₁ 중 3염색체는 *PPp*와
*AcAcac*일 것이라는 것을 추정할 수 있었다. 이와 같은 가정 하에
F₁에서 염색체 수를 검사하여 이들 중 F₁ 3염색체를 열성동형접합
자와 검정교배하였다. 분석하기 전에 다음과 같은 일반적인 가정
을 설정하였다:

1) 염색체가 하나 더 있는 배우자나 접합자의 기능에 차이가 없다;

2) 한 개의 우성유전자로도 우성형질은 표현된다;

3) 염색체 분리를 한다;

4) 자방친 배우자를 통한 과외염색체의 전달은 25%이다.

이와 같은 가정 하에 유전자가 2배체성 유전을 한다면 1:1의 분
리를 하고 3염색체 유전을 한다면 3:1 분리를 할 것이다. *P*유전자
의 분리에서 8개체의 3염색체는 1:1의 2배체성의 분리비와 유의
차가 없었으나 4개체의 3염색체의 분리비는 2배체성 분리비 1:1
과 유의적 차이를 보였다. 검정교배자손의 염색체 수를 검사하여
3염색체에서 열성이 나타난다면 이것은 3배체성 유전을 한다고
볼 수 없다. 4개의 3염색체 중 3개의 3염색체의 자손에서 열성동
형접합자가 있었다. 나머지 하나의 3염색체 개체 V1678.16의 자
손중 3염색체에 열성동형접합자가 없었고 이 자손의 분리비도 3
염색체 분리비인 3:1과 유의차가 없었다. 그러므로 3염색체 개체
V1678.16은 *P*유전자좌의 염색체가 3개 있는 3염색체라고 결론
지을 수 있었다.

이와 같은 방법으로 *Ac* 유전자좌의 3염색체 개체 V1700.16을 구분할 수 있었다. 그러나 불행하게도 이 두 3염색체의 과외염색체의 번호는 확인되지 않았다. *Gl* 유전자 분석에서 그동안 *Gl*이 한 유전자에 의하여 조절된다고 알려져 있었으나(Harborne 1962), 3염색체 계통들을 분석하며 유전자가 2개의 유전자(*Gl₁*과 *Gl₂*)에 의하여 조절되며, 그 중 한유전자가 9번 염색체(Yeh와 Peloquin 1965의 체계번호)의 장완에 있다는 것을 밝힐 수 있었다(Lee와 Rowe 1975b).

그 외에도 민감한 세포질에서 짧은 꽃밥을 형성하는 기형꽃에 대한 유전자 *df*(deformed flower)가 있는 3염색체개체가 이와 같은 방법으로 규명되었다(Lee와 Ruhde1976). Wagenvoort(1982)는 잎 가장자리에 황색을 나타내는 유전자 *ym*(yellow margin)을 *S. tuberosume*의 3염색체 분석으로 염색체 12번에 있다고 보고하였고, Lam과 Erickson(1971)은 알바이노 유전자를 그들의 염색체번호 12번에 있다고 보고하였다.

3. 분자유전학 연구와 세포유전학 연구

야생종과 재배종의 교배잡종 혹은 세포융합잡종을 계속적으로 재배종에 교배하며 저항성 계통을 선발하는 방법으로 야생종의 유용 유전자를 재배종에 이입하는 육종도 가능하나, 분자유전학적 방법을 이용하여 야생종에 있는 저항성과 연관된 표지를 규명하여 이를 이용한 육종방법은 더 정확하고 효율이 높을 것으로 판단된다.

Naess 등(2000, 2001)은 감자와 야생종 *S. bulbocastanum*의 융합잡종을 이용하여 역병저항성 유전자가 8번 염색체에 있다는 것을 규명하였고, Dong 등(2000)은 FISH 방법과 이 유전자의 세포유전학적 DNA 표지를 이용하여 염색체상의 위치를 규명할 수 있었다.

이와 같이 세포융합체잡종과 함께 분자유전학적 방법을 이용하여 저항성 계통의 선발뿐 아니라 저항성 표지를 규명하고 이를 클로닝(cloning)하여 많은 품종에 저항성을 전달할 가능성을 보여주었다.

(1) 저항성 유전자의 지도 작성

식물은 항상 다양한 병과 해충의 공격을 받고 있으므로 이에 대응하기 위하여 많은 저항성 유전자들을 생성하면서 진화해왔다. 대부분의 이러한 유전자들은 특정 유전자에 대한 저항성으로 단일우성(single dominant) 유전자이다. 여러 종의 식물에서 30종 이상의 저항성 *R* 유전자가 클론되었고, 이들은 주가 되는 공통적인 구조에 따라 네 가지 부류로 나뉜다(Takken과 Joostern 2000).

감자에서는 19개의 *R* 유전자가 11곳의 염색체 부위에 지도되었다(Gebhardt과 Valkonen 2001). 이 중 *Rx1*, *Gpa2*, *Rx2*와 *R1*이 분리되었고 이들이 모두 leucine-rich repeat(LRR)부위와 뉴클레오티드 결합부위(nucleotide binding site)를 갖는 부류에 속한다. 이중 *Rx1*과 *Gpa2*는 *S.tuberosum* ssp. *andigena*에서 온 것으로 확인되었고, *Rx2*는 PCR(Polymerase chain reaction, 중합효소 연쇄반응)을 이용하여 *S. acaule*에서 분리되었으며(Bendhmane 등 2000), *R1*은 *S.demissum*에서 분리되었다(Ballvora 등 2002).

*Rx1*과 *Gpa2* 간에는 상동성이 매우 많음에도 불구하고 각각 감자 바이러스 X와 감자의 피낭선충인 *Globodera pallida*에 저항성으로 완전히 다른 병원체에 저항성이다. 이 두 유전자는 감자염색체 XII(Gebhardt 등 1991의 유전자군 염색체 번호)에 아주 가까이 연관되어 있다. 이 부위의 서열분석 결과 적어도 2개의 다른 저항성 유전자를 포함하는 복잡한 좌인 resistance gene homologues (RGH 저항성 유전자 상동부위)의 한 부분이라는 것이 밝혀졌다 (Bendahmane 등 1997, Vossen 등 2000).

*Gpa2*와 *Rx1*의 LRR(leucin-rich repeat) 영역을 기초로 한 cluster-specific primer(집단특이 길잡이)를 이용하여 9개의 RGHs(resistance gene homologues)를 구분하고 이들이 모두 염색체 XII에 있다는 것을 확인하였다(Bakker 등 2003).

감자에서 *R* 유전자를 포함한 유용 유전자를 클론화하기 위하여서, 10,000개의 AFLP(amplified fragment length polymorphism) 표지로 구성된 초고밀도 유전자지도가 구성되었다 하니, 유용유전자의 지도 작성에 이를 이용할 수도 있을 것이다. (http://www.

dpw.wageningen-ur.nl/uhd)(Van Os 등 unpublished, Bakker 등 2003)

감수분열기에 다가 염색체를 형성하며 비자매염색분체(non-sister chromatid) 간에 교차가 일어나면 double reduction(중복감소)을 할 수 있다. 이는 자손의 유전형을 분석하여 알 수 있다. triplex 유전형(*AAAa*)을 자가수정하여 자손에 열성동형접합자가 나타면 분명한 증명이 될 수 있다(그림 5-3 참조).

Barone 등(2002)은 *S. commersonii*와 *S. tuberosum* 반수체와의 융합잡종(2n=4x=48)을 자가수정하여 생산된 F$_2$ 자손에서 RAPD(random amplified polymorphic DNA) 표지와 AFLP 표지의 분리 비를 분석하였다. 이들의 재료에서 자손의 수가 적어 분리비로 triplex(*AAAa*)좌(loci)에서의 열성동형접합자를 확인할 수는 없었으나 duplex(*AAaa*)와 simplex(*Aaaa*)의 분석은 할 수 있었다. *AAaa*와 *Aaaa*의 4배체성 유전자좌에서 무작위 염색분체 분리(random chromatid segregation)를 하여 나오는 분리비, 즉 *AAaa*에서 20.8:1와 *Aaaa*에서 2.5:1의 비로 분리하는 표지를 RAPD와 AFLP 분석에서 구할 수 있었다. 이 비율은 유전자좌와 동원체 사이에 항상 교차가 일어날 때에 기대되는 분리 비이다. 이들의 실험에서 이러한 좌가 4배체성 유전을 하는 좌의 약 37%였다. 따라서 이들은 *commersonii*의 상당히 많은 유전자가 *tuberosum*에 이입될 수 있다는 것을 유전적으로 증명할 수 있었다.

(2) 분자표지의 이용

분자표지(malecular marker)가 잡종 후대에 존재한다는 것을 확인
하여도 이들 분자표지는 염색체의 아주 작은 부위만을 나타내므
로 모든 염색체의 상당히 많은 부위를 나타낼 수 있는 표지를 사
용하여야 하는 단점이 있다. GISH(genomic *in situ* hybridization,
게놈동소혼성화) 방법으로 이러한 단점을 극복할 수 있다.

GISH는 DNA *in situ* hybridization에 의해 다른 종간의 염색
체를 구분할 수 있는 방법으로 감자에서도 다른 식물의 게놈을 구
분할 수 있는 효과적인 방법이다.

Dong 등(1999)은 *Solanum etuberosum*과 2배체의 *Solanum*
잡종 *S. berthaultii*×*S. tuberosum* 반수체 간의 세포융합잡종
EEBT(Novy와 Helgeson 1994a)와 이들을 재배품종에 교배시킨 여
교잡 1세대(BC_1)와 2세대(BC_2)를 재료로 하고 GISH를 이용하여 *S.*
*etuberosum*의 염색체가 어느 정도 전달되었는지를 조사하였다.
참고로 *S. etuberosum*은 PVY, PVX, PLRV에 면역성 혹은 강한
저항성이나(Hanneman과 Bamberg 1986), 1EBN으로 *S.*
*tuberosum*과는 2EBN의 2배체와 4EBN의 4배체와도 교배되지
않는다(Johnston과 Hanneman 1982).

이들이 검사한 4개체의 융합잡종에서 개체에 따라 etuberosum
염색체 하나를 적게 가지고 있는 개체(*etuberosum* 염색체 23
개), 더 가지고 있는 개체(*etuberosum* 염색체25개), 혹은 다른 융
합양친(*S. tuberosum* 반수체와 *S. berthautii*의 잡종)의 염색체를
하나 더, 혹은 덜 가지고 있는 것을 발견하였다. BC_1에서는 개체

에 따라 *etuberosum*의 염색체가 11~13이었고 BC$_2$에서는 6~7개의 *etuberosum*의 염색체를 셀 수 있었다. 이와 같이 분자표지 기술을 GISH 분석과 함께 사용하였을 때 잡종의 후대 자손에 어느 정도의 야생종 염색체가 이입(移入)되었는지를 판단할 수 있다.

감자의 종간 잡종을 이용한 육종재료에서 세포학적으로는 다른 종의 염색체를 구분할 수 없다. GISH 분석은 양친간의 염색체를 구분할 수는 있으나 여러 염색체 중 어느 염색체가 이입되었는지는 구분할 수 없다(Dong 등 1999). RFLP나 RAPD 표지를 사용하고 후대 자손의 분리를 검사하면 감자로 이입된 염색체나 염색체 조각을 추적할 수는 있었다(William 등 1993, Novy와 Helgeson 1994, McGrath 등 1994, 1996).

그러나 분자표지로는 분석에 사용된 제한된 작은 부위에 대해서만 알 수 있다. 그러므로 염색체 전체에 대하여 알려면 상당히 많은 표지를 이용해야 하고 더구나 표지가 있다 하여도 그 특정 염색체부위가 한 개 있는지 여러 개 있는지 구분할 수가 없다. 또한 감자 게놈이 고도로 이형접합성이고 4배체성 유전을 하기 때문에 데이타를 분석하는 것이 간단하지 않다. 따라서 이 방법으로는 외부 유전자의 이입 여부에 관한 정보만을 얻을 수 있지 감자의 염색체에 일어나는 변화는 추적할 수 없다.

(3) 분자표지의 세포유전학적 이용

감자의 염색체 번호는 다른 식물과 마찬가지로 가장 긴 것을 1번으로, 가장 짧은 것을 12번으로 하여 염색체 길이에 따라 주어졌다(Swaminathan 1954). 그러나 연구자에 따라 다른 방법으로 고정되고 염색되어 다른 방식으로 번호가 주어졌다.

Giemsa-banding 방법에서는 A부터 L까지(Mok 등 1974, Wagenvoort 등 1994), 혹은 1부터 12까지, 태사기 염색체는 로마 글자로 I부터 XII까지 표시되었고(Yeh와 Peloquin 1965), 이 순서는 서로 일치하지 않을 수도 있다. 더구나 이 염색체 번호 표기방법 중 어느 것도 감자의 유전적 연관군(genetic linkage)과 관련되어 있지 않다. 따라서 Dong 등(2000)은 감자의 염색체 번호를 유전적 연관군(Gibhardt 등 1991, 1994)에서 정한 번호를 사용하여 각 염색체의 특이적 DNA 표지를 규명하여 해당 염색체를 판단할 수 있게 하였다. 이들이 규명한 감자 염색체 특이 BAC 클론들의 물리적 위치는 RFLP 표지에 의해 감자 염색체의 단완, 장완까지 지정한다.

RFLP 같은 DNA 표지를 이용하여 연관군 지도를 작성하는 것은 감자, 벼를 포함한 여러 작물에서 연구되어 있다. 세포유전학 연구를 위해서는 유전자 연관군지도와 실제 염색체가 서로 관련지어져야 한다. *in situ* hybridization이 한 방법이긴 하나, 대부분의 RFLP probe는 너무 작아(0.5~4.0 kb) *in situ* hybridization의 표지가 일관되게 나타나지 않는다. 그러므로 특정 RFLP 표지가 있는 큰 DNA 조각이 삽입된 DNA 클론을 사용하는 것이 바람직하다.

몇몇 학자들에 의하여 식물에서 비교적 큰 DNA 삽입 클론을

probe로 이용하여 일관된 *in situ* hybridization signal(동소혼성화 신호)을 얻을 수 있는 기술이 개발되었다(Jiang 등 1995, Fuchs 등 1996, Lapitan 등 1997). 이러한 방법이 RFLP 유전적표지(genetic marker)의 물리적 지도 작성에 이용되어, 개개 염색체의 세포학적 표지로 이용될 수 있다.

이와 같은 특정 RFLP 표지가 삽입된 큰 DNA 클론의 *in situ* hybridization 신호는 개개의 염색체를 구분할 수 있는 세포학적 표지로 사용할 수 있다. 많은 식물 종에서 BAC library가 구성되어 있다(www.genome.clemson.edu/ libmframe. html:). Song 등 (2000)과 Dong 등(2000)은 2배체감자 *S. bulbocastanum*의 염색체로 23,808클론들로 구성된 BAC library를 만들었다.

Dong 등(2000)은 감자의 12개 염색체와 혼성화되는 BAC 클론을 분리하기 위하여 유전적으로 연관지도가 확인된 RFLP probe를 갖는 BAC library를 가려냈다. 23,808클론 중 12,288 BAC 클론이 RFLP probe로 확인되었다. 각 RFLP probe가 평균 2.3클론과 혼성화되었다. 이들 특정 염색체상의 RFLP probe로 확인된 BAC 클론은 감자의 체세포분열 중기의 염색체와 FISH 방법을 이용하여 혼성화했다. 여러 개의 클론이 하나의 RFLP 표지를 포함하는 것으로 확인되면 FISH 신호가 가장 뚜렷한 BAC 클론을 선발하였다. 즉 이들 BACs로 만들어진 FISH 신호는 특정 염색체의 표지가 될 수 있다.

이 BACs는 감자의 염색체를 구분할 수 있는 염색체 특이표지 CSCDMs(chromosome-specific cytogenetic DNA markers, 염색체

특이 세포유전적 DNA 표지)로 이용될 수 있다(Dong 등 2000). RFLP 표지를 포함하는 BAC 클론을 감수분열기의 세포에서 FISH mapping을 할 수 있고, 특히 태사기의 염색체를 이용하였을 때 염색체상의 위치가 Gebhard 등(2000)의 유전연관군의 지도와 일관되게 나타나는 것을 관찰하였다(Song 등 2000).

Gebhardt 등(2000)의 유전연관그룹 I의 말단에 지도된 RFLP probe GP264와 CP132를 사용하여 분리된 BAC 클론 6M21과 63L23이 각각 한 쌍의 염색체 말단에 뚜렷한 FISH 신호를 보여주었다. 이와 같은 방법으로 이들은 감자의 각 12개 염색체에 특이적인 BAC 클론들을 분리, 구분할 수 있었다.

Helgeson 등(1998)은 역병저항성이 강한 *S. bulbocastanum* 클론 PT29(2배체)와 4배체 *S. tuberosum*의 체세포 융합잡종 6배체를 재배품종과 교배하여 여교잡 1세대(BC₁)와 2세대(BC₂)의 일부 자손에 역병저항성이 이전되는 것을 확인하였다.

이중에서 선발된 계통과 융합양친, 교배양친을 역병의 모든 계통(race)이 있는 멕시코의 톨루카(Toluca) 계곡에서 실험 재배한 결과 *S. bulbocastanum*에서 도입된 역병저항성은 계통 특이저항성(race specific resistance)이 아니라 일반저항성(general resistance)이라는 것도 확인할 수 있었다. 이들 세포융합체의 여교잡 계통들과 양친들을 분석하여 저항성과 가까이 연관된 RAPD 표지와 RFLP 표지를 선발하였다.

위에 설명한 바와 같이 CSCDMs를 이용하여 감자의 12개의 염색체를 구분할 수 있게 되었으므로(Song 등 2000), 저항성과 연관된 표지와 감자 BAC library를 이용하여 주저항성좌, *RB*가 *S. bulbocastanum*의 8번 염색체 장완에 위치하며 특정 RFLP 표지와 특정 RAPD 표지와 공동분리(cosegregate)한다는 것도 규명되었다(Naess 등 2000). 그러나 교배조합에 따라 분자표지 저항성 유전자 간에 2~15%의 재조합이 있었다. 이들은 위에 제시된 저항성유전자와 연관된 RAPD 표지를 이용하여 저항성유전자가 있는 BAC 클론을 분리하였고 FISH 방법으로 8번 염색체의 표지가 포함된 BAC 클론과 저항성유전자가 포함된 클론이 한 염색체에 존재한다는 것을 보여줄 수 있었다(Dong 등 2000).

BAC walking과 고해상의 유전자지도 작성법을 병행한 여러 번의 시도 끝에 역병의 주저항성 유전자 *RB*가 인접한 BAC contig도 작성되었다(song 등 2003에 인용). CC–NBS–LRR(coiled coil–nucleotide binding site–Leu–rich repeat)부류의 4개의 저항성 유전자덩이가 유전적으로 mapped(지도)된 *RB* 부위에 있다는 것이 발견되었고(Ballvora 등 2002), Song 등(2003)은 유전자지도와 long range(LR) PCR방법을 함께 이용하여 역병의 주저항성 유전자 *RB*를 클론하였다.

재배품종 Katahdin으로 이 4 유전자 중 하나의 LR–PCR 생산물을 함유하는 형질전환 식물체를 만들 수 있었다. *RB* 유전자를 가지고 있는 형질전환된 Katahdin 식물체는 실험에 사용된 모든 분리균에 저항성을 보였고 감자에서 알려진 11개의 모든 R 유전자를 극복할 수 있다는 'super race'에도 저항성을 보였다. 이와 같은 방법으로 다른 재배품종에서도 역병저항성 형질전환 식물체를 육성할 수 있을 것이다.

염색체특이 BAC 클론을 이용하여 5S rRNA 유전자, 45S rRNA 유전자와 감자역병저항성 유전자가 각각 세 개의 특정 염색체에 위치한다는 것을 규명하였다(Dong 등 2001). Dong 등(2001)은 *S. brevidens*와 재배종 감자의 융합잡종을 재배종에 여교배하여 선발된 여교배 3세대(BC₃) 두 계통을 재료로 위의 CSCDMs를 이용하여 GISH, FISH를 한 결과 *brevidens*의 염색체가 이 계통의 염색체에 어떻게 삽입되었는지를 구분할 수 있게 되었다.

그 중 한 개체(2n=51)의 분석을 예로 들어 설명하고자 한다. GISH 분석으로 51개의 염색체 중 3개의 염색체가 *brevidens*로부터 온 것이라는 것을 확인하였다. 3개의 *brevidens* 염색체 중 한개는 45S rDNA의 probe pTa71와 혼성화되어 *brevidens*의 2번 염색체인 것으로 판명되었다. 45S rDNA는 감자의 2번 염색체의 단완에 있는 것으로 알려져 있으므로(Dong 등 2000), 이를 대체한 것으로 해석할 수 있다.

이와 같이 CSCDMs를 사용한 연속적인 GISH와 FISH 방법으로 감자의 육성계통에서 야생종 염색체의 이입을 세포유전학적으로 확인할 수 있게 되었다. 이 방법으로 외부 염색체가 감자 염색체들에 삽입된 것인지, 감자의 homeologous chromosome(동위염색체)을 대체하였는지도 알게 되었다.

이 기술이 세포유전학적으로 어려운 점이 없는 것은 아니다. 포유동물에서는 여러 개의 probe를 함께 사용하여 사람과 쥐의 모든 염색체를 한번에 구분할 수 있다.

Dong 등(2000)의 실험에서는 한 개의 CSCDM probe를 사용할 때는 적은 background와 강한 FISH 신호를 얻을 수 있었으나, 여러 개의 CSCDMs probe를 함께 사용하면 좋은 FISH 신호가 생기지 않았다. 이는 아직도 해결할 문제이다. 외부 염색체를 분명히 구분하기 위하여 FISH를 하기 위한 올바른 CSCDM을 선발하는 데는 표지의 분석과 염색체 형태에 기초를 두어야 한다. 그러므로 감자육성계통에서 외부 염색체의 유전적 동일성을 확인하려면 한 세포에 여러 번의 FISH를 할 필요가 있다. 그러나 보통의 스쿼시 방법으로 마련된 염색체 슬라이드로는 한번 probe를 사용한 후 씻어내고 새로 사용할 때는 염색체의 형태가 바뀌는 경우가 많다. 그러므로 이들은 감자 뿌리를 효소처리하고 만든 슬라이드를 불꽃으로 처리하여 세포질을 태우는 방법(Dong 등 1999)을 사용하였다. 이 방법을 사용하여 다섯 번의 반복된 probe와의 hybridization에도 염색체의 모양이 변하지 않았고 먼저 사용된 형광 신호는 다음번의 FISH 과정의 변성 단계에서 모두 제거되었다고 한다(Dong 등 2001).

Yeast artificial chromosome(YAC)library도 BAC library와 마찬가지로 진핵생물 게놈의 유전자 지도 작성과 유전자 지도에 기초한 유전자 클론닝에 중요한 도구가 될 수 있다. RFLP, PCR 등과 함께 이용하면 식물 게놈에서도 유용한 유전자의 이용 수단이 될 수 있다.

Leister 등(1997)은 *S. tuberosum*의 DNA를 이용하여 평균 140 kb가 삽입된 21,408 YAC 클론으로 된 YAC library를 구성하였

다. 이들은 11개의 유전자 혹은 유전자군을 탐지할 수 있는 11개의 DNA 표지로 연구한 결과 8개의 표지를 탐색하였고, 그 중 하나의 YAC 클론은 선충저항성 유전자로 알려진 *Gro1*과 관련된 유전자 그룹을 갖고 있다고 한다.

조직배양과 세포융합

1. 조직배양
2. 세포융합

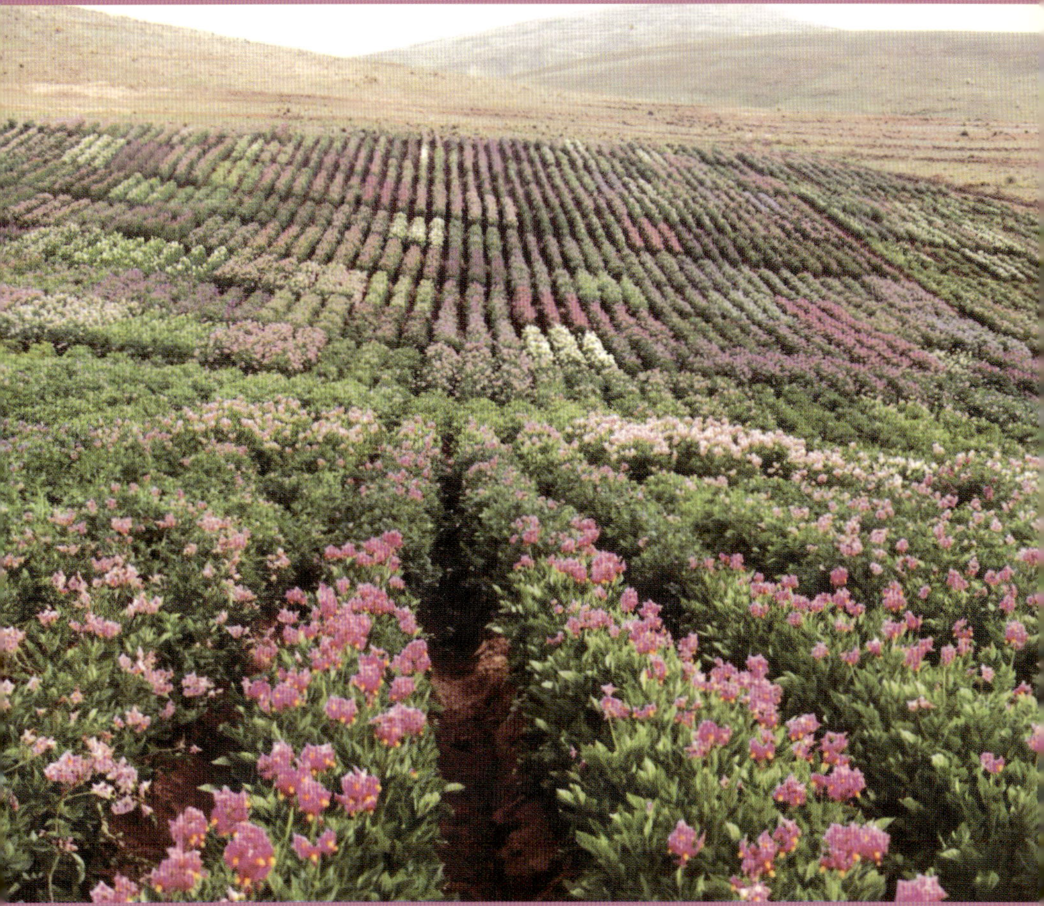

감자의 유전자원포

1. 조직배양

재배 감자는 주로 4배체이며, 2배체는 자가불화합성이기 때문에 전통적인 방법으로는 유전연구가 어려운 점이 있다. 그러나 감자는 영양번식을 하는 작물이고 조직배양, 세포배양, 세포융합, 형질전환 등 생물학적 기술이 다양하게 적용될 수 있는 작물이므로 감자의 육종 면에서는 다른 작물에 비해 유리하다고 하겠다. 유전자원의 유지와 증식, 대량 급속증식에 의한 종서생산은 물론 육성계통의 빠른 보급도 조직배양으로 가능하다.

본 장에서 조직배양에 의한 급속증식에 대해서는 취급하지 않고 유전연구와 관련된 조직배양에 대해서만 논하고자 한다. 형질전환과 이에 의한 2차 산물의 생산도 활발하게 연구되고 있으나 본서에서는 이에 대해서는 생략한다.

(1) 세포클론의 변이

기내 배양의 특정 조건하에서 식물의 조직이나 기관배양과정 중 탈분화된 세포가 형성되고 이들 세포가 증식 후에 식물체로 재생되는 경우가 많이 있다. 다시 말해서 처음 배양이 시작된 공시 식물체와 탈분화된 후 식물이 새로 재생되기 전에 세포의 증식시기가 있고 그 다음에 재생된 식물체 간에 차이가 있는 경우가 많이 있다. 대부분의 재생된 식물체에서 발견되는 체세포클론 변이는 시험관내(*in vitro*) 상태에서 특히 탈분화시기에 발생된다고 알려졌다(Kumar 1994). 이러한 변이는 배양과정 중에 염색체 수가 변하는 것을 예로 들 수 있다(Sree 1986).

그러나 식물체 자체에 본래 존재하는 다른 유전성을 갖는 부분이 재생된 식물체에 나타나는 경우의 변이도 배제할 수 없다. 유전자의 돌연변이, 키메라는 기내에서만이 아니라 실제 식물체에서도 일어날 수 있고 이러한 변이체가 조직배양에서 분리될 수 있다. 변이의 근원이 어느 것이 더 많은가는 유전형, 배양조건, 배양조직의 종류 등 다양한 요인에 따라 다를 것이다(Kumar 1994).

식물체 재생과정에서 일어나는 세포 클론의 변이(somaclonal variation)는 목적에 따라 잘 이용될 수도 있으나, 불리한 경우도 있다. 재배품종에서 병 저항성 돌연변이 계통이 발생하면 이는 유용하게 이용될 수 있다. 그러나 유전자원의 유지과정, 계통의 대량증식, 유용유전자를 품종에 형질전환시키는 과정에서 세포클론 변이가 발생하면 특정 유전형을 유지하고자 하는 목적을 달성하는 데 큰 방해 요인이 된다. 그러므로 이러한 변이의 근원과 유전적 안정성에 관련된 기작을 이해해야 할 것이다.

세포클론 변이의 원인과 특성

조직배양 중 여러 종류의 변이가 핵 염색체, 세포질 염색체 등에 발생하는데 이중에는 염색체 수의 변화, 염색체 구조의 변화, 유전자 재배열, 전이인자(transposable elements)가 관여하는 변화 등 다양한 종류가 있다. 고도의 이형접합성인 감자에서는 이들 변화에 대한 유전적 분석을 하지 못하였으나, 옥수수나 토마토 같은 다른 식물에서는 다유전자(multigene)군에 의하여 조절되는 형질의 변화, 양적 형질의 변화, 때로는 단일 유전자에 의해 좌우되는 변이 등이 규명되기도 하였다.

4배체, 2배체, 1배체 감자의 원형질체, 어린 싹과 엽편 배양에서 배양 7~14일 후부터 상당히 많은 세포가 배수성, 이수성, DNA양 증가 등의 현상을 보였으며, 72일 된 캘러스에서는 더욱 빈도가 높아져 배양일수가 길어질수록 배수성과 이수성의 빈도가 증가함을 볼 수 있다. 이들 실험에서 사용된 재료는 어린 싹의 배양에서 채취한 어린 엽편, 줄기, 싹의 분열조직들이었고 정상적인 DNA를 가지고 있었음에도 불구하고 캘러스 유도의 초기단계에서 높은 율의 DNA 및 염색체 변이가 발생한 것으로 미루어 보아 유전적 불안정의 원인이 시험관내 배양 조건 때문이 아닌가 판단된다(Kumar 1994, Pijnaker 등 1986a, b).

감자의 조직배양과정에서 세포내 단독중복(endoreduplication)이 배수성 발생의 원인이고 세포분열 중 생기는 염색체의 이동지연(lagging), 염색체 다리(chromosome bridge), 이중동원체(dicentric)와 다동원체(polycentric) 염색체가 이수성의 원인이 된다고 보고 있다. 이 외에도 유전자 증폭 혹은 감소, 전이인자의 작동이 식물체 재생 과정에서 일어나리라고 짐작한다(Kumar 1994).

핵 게놈의 변화 외에 세포질 게놈의 변화도 발생한다. 감자의 원형질체 배양에서 재생된 식물체의 미토콘드리아와 엽록체의 게놈을 제한효소를 이용하여 분석한 결과 엽록체 게놈에는 별 변화가 없었으나 미토콘드리아 게놈에는 상당한 변이가 발견되었다. 이러한 변화가 단순한 점돌연변이(point mutation)가 아니라 결실, 중복, 재조합 등 상당한 DNA의 재배열인 것으로 판단하였고, 점돌연변이도 가능하다고 하였다(Kemble과 Shepard 1984, Kumar 1994).

형태적인 변이는 왜성, 불임, 엽록체의 결핍, 잎, 줄기, 괴경의 형태 등 다양하나 이들의 변화와 특정 염색체의 변이를 일률적으로 적용할 수는 없다. 그러나 일반적으로 배수성이나 이수성의 염색체 변이가 왜성, 불임 같은 심한 형태적 변이를 초래하나 세포학적으로 판단할 수 있는 염색체의 큰 변이가 없어도 형태적 변이가 있는 경우도 있다. RFLP나 RAPD, 동위효소분석으로 이러한 변이를 추적할 수 있을 것이다(Kumar 1994).

기내배양으로 식물체를 재생하는 과정에서 식물재료와 배양액의 종류, 배양조건 등이 유전적 안정성에 영향을 미친다. 기내배양 식물체나 온실 식물체에서 취한 잎, 줄기, 신초, 괴경, 원형질체 등의 배양으로 재생된 식물체의 변이정도는 그 부위별로 많은 차이가 있다. 식물체의 배양보다 원형질체를 배양하여 재생된 식물체에서 훨씬 더 많은 변이가 발견되었다. 원형질체 배양에서는 세포분열 초기와 탈분화과정에서 오랜 시간이 걸리므로 염색체의 안정성이 감소할 것이다.

1배체나 2배체 감자에서 분화된 식물체에는 배수성의 변이가 많고, 이수성이나 혼수성(mixoploidy)은 적다. 반면에 다배체 식물에서 분화된 식물에는 다양한 이수성과 혼수성의 변이가 많다.

감자가 4배체 상태에서는 2배체나 1배체보다 유전자나 염색체변이에 대해 내성이 크기 때문일 것이다(Sree 1986).

배양액의 옥신과 사이토키닌의 농도도 캘러스나 원형질체의 재생식물의 변이에 영향을 주는 것으로 보고되었다(Fish와 Karp 1986). 배양액내의 칼슘($CaCl_2$)과 EDTA가 고농도일 때 염색체 변이가 증가하였고(Sree 1986), 당의 농도도 원형질체 배양에서 변이에 영향을 준다고 하였다. 이와 같이 배양에 사용되는 배양액에 따라 변이가 달라질 수 있으므로 적당한 호르몬의 농도와 배합, 적당한 양분조합을 사용하면 변이를 줄일 가능성이 있을 것이다(Kumar 1994).

체세포변이의 이용

일반적으로 조직 배양 중에 생기는 변이들은 그 발생이나 종류를 조절할 수가 없고, 변이의 빈도도 다양하며 안정성이 결여되어 있고 유용가치가 없는 것이 대부분이다. 그러나 감자는 영양번식을 하는 작물이고 급속증식이 가능하므로, 체세포변이를 연구해볼 가치가 있다. 몇 개의 유용한 변이체가 발견된 예도 있고 특히 병저항성 계통 선발이 가능하다는 보고가 있다.

Cassells 등(1991)은 감자의 특성 향상을 위해 특히 역병저항성 향상을 위해 변이체의 이용 가능성을 장기간 동안 실험하였다. 변이체를 선발하여 역병저항성과 다른 특성을 대상으로 여러 해 동안 검정 선발하면서 안정성도 유지할 수 있다고 하였다. 원형질체를 이용한 조직배양, 세포융합, 형질전환, 동결보존(cryopreservation),

약배양 등 다양한 생명공학 기술이 이용되므로 체세포변이를 없애거나 적어도 최소화할 수 있는 방법을 규명하는 것은 필수적인 과제라 할 수 있다(Kumar 1994).

(2) 1배체의 생산과 이용

재배감자, *S. tuberosum*은 4배체이며 주로 타식(他殖, out breeding)을 하는 식물로 고도의 이형접합성이므로 많은 해로운 열성 유전자나 불임 유전자를 가지고 있다. 따라서 육종의 효율성도 적고 유전분석이 복잡하여 다른 작물에 비하여 유전연구도 덜 발달하였다. 4배체로부터 유기된 2반수체(2n=2x=24)의 이용은 육종과 유전분석의 효율성을 높일 수 있는 좋은 도구가 될 수 있고 많이 이용되어 왔다. 이러한 2반수체는 다량으로 생산될 수 있으나(Hermsen과 Verdenius 1973, Hougas 등 1964) 2반수체를 이용한 유전분석은 문제도 많이 있다. 대부분의 이들 2반수체가 우성불임 혹은 자가불화합성이고, 자식열세(inbreeding depression)가 심하고 해로운 열성인자가 분리하여 나오는 경우도 많다.

1배체(2n=x=12)는 위와 같은 2반수체의 불리한 점을 개선할 수 있는 수단으로 이용될 수 있다. 1배체가 유도되는 2배체는 대부분 고도의 이형접합성이므로, 이러한 1배체는 여러 유전자좌에서 대립유전자가 분리하므로 유전형질의 다양한 차이를 보일 것이다. 1배체는 단가접합성(hemizygous)이므로 치사유전자나 해로운 열성 유전자가 제거될 것이고(Jaconbsen과 Ramanna 1994), 생존력이 있고 강한 것만이 선택적으로 자라기 때문에 유리한 유전자 조합을 가진 개체만 선발될 것이다(Singsit와 Ozias-Akins 1993). 따라서 거리가 먼 1배체 게놈 간의 결합은 고도의 이형접합성이며 세가 왕성한 잡종을 생산할 것이다.

Alexander 등(2001)은 *S. phureja* 4 계통과 *S. chacoense* 한 계통과 잡종 2배체의 화분에서 유래된 188개의 androgenic 1배체들을 포장에서 재배하여 상당히 다양한 차이를 볼 수 있었다. 예를 들어 한 개체당 괴경 수량이 2gr 미만부터 100gr까지 1배체 식물에 따라 큰 차이를 보였으므로 우선 1배체 상태에서 선발하여 융합을 시도하였다. 1배체의 염색체 배가로 완전 동형접합성의 2배체를 생산할 수도 있다. 임성도 있고 자가화합성인 1배체의 염색체가 배가된 2배체의 *S. chacoense*를 만들기도 하였다(Cappadocia 등 1986).

1배체 감자의 생산

1배체는 1반수체(monohaploid)라고도 하며 단위생식에 의해 생산할 수도 있고 약배양(藥培養)으로 생산할 수도 있다. 단위생식에 의한 1배체 유기는 제2장 1의 4배체에서 단위생식에 의해 반수체를 유기하는 것과 원리와 방법이 유사하다. 2배체의 *S. tuberosum*과 야생종 혹은 종간 잡종의 약배양으로 1반수체가 생산된 보고가 많이 있고 생산율은 재료에 따라 다양하였으며(12~100%) 실험자에 따라 1,000개체 이상의 1반수체를 생산할 수도 있었다(Jacobsen과 Ramanna 1994, Cappadocia 등 1984, Veilleux 1990).

1배체의 이용

S. tuberosum 게놈의 기본 염색체 수가 12인 것으로 인식되어 왔었으나 일부 기본 염색체 수가 6이라는 설도 있었다(Wilkinson 1994). 1반수체의 제1 감수분열기에 염색체의 대합보다는 주로 1가 염색체를 형성하므로 게놈의 기본수는 12라는 것을 제시한다. 또한 토마토와 감자의 RFLP 지도를 비교하였을 때 DNA 표지의 연관지도가 두 작물에서 거의 같았고 12개의 염색체가 각각 독특한 표지들로 되어 있었다. 이로써 게놈의 기본 염색체 수는 12라는 것이 정설로 인정되었다고 본다.

1반수체는 단가유전자성이기 때문에 열성 돌연변이가 쉽게 나타나므로 돌연변이 선발이 보다 정확할 것이다. 예를 들면 아밀로스가 없는 돌연변이(amylose free mutation, *amf*)를 유발시켜 선발할 수 있다. 이러한 변이는 전분의 요드카리 용액에 대한 반응으로 우선 선발할 수 있다. 아밀로펙틴으로만 구성된 전분은 요드카리 용액에 적색을 나타내지만 아밀로스가 있으면 청색 반응을 보인다.

Jacobson 등(1991)은 1반수체 계통 AM79.7322에 X-선을 조사하여 돌연변이를 유발시키고 여기서 부정아를 다량 획득하여 이들 5,000개의 싹을 길러 유도된 12,000개의 소괴경(microtuber) 중 한 개가 *amf* 돌연변이체이며 염색체 수는 12임을 규명하였다. 이 *amf* 돌연변이는 감자 괴경에서뿐만 아니라 잎, 소포자, 공변세포, 근단의 콜류멜라(collumella) 세포에서도 확인할 수 있었다. 이 계통의 염색체를 배가하여 2배체를 만들 수 있었고, 다른 야생종과 교배하여 배구출(embryo rescue) 방법으로 잡종(*Amf/amf*)개체를 얻을 수 있었다. *Amf/amf* 2배체의 2n 소포자의 30%가 아밀로스가 없는 *amf/amf*인 것으로 확인되었다.

Amf/amf 2배체는 2n 소포자 형성 기작이 FDR인가 SDR인가를 밝히는 데도 이용될 수 있고, 아밀로스가 없는 2배체 또는 4배체감자 육종에 이용되고 있다(Jacobsen과 Ramanna 1994). 그림 4-1에서 이들이 제시한 1반수체를 이용한 육종체계를 참고할 수 있다. 아그로박테리움(Agrobacterium)을 이용하여 전이유전자 Ac를 감자에 이전시켜 이를 1반수체에서 돌연변이를 유발시키는 방법을 제시하기도 하였다. 그러나 이 돌연변이가 결실이나 열성인 유전자일 경우에 돌연변이체를 쉽게 선발할 수 있는 효과가 있을 것이라 하였다(Jacobsen과 Ramanna 1994).

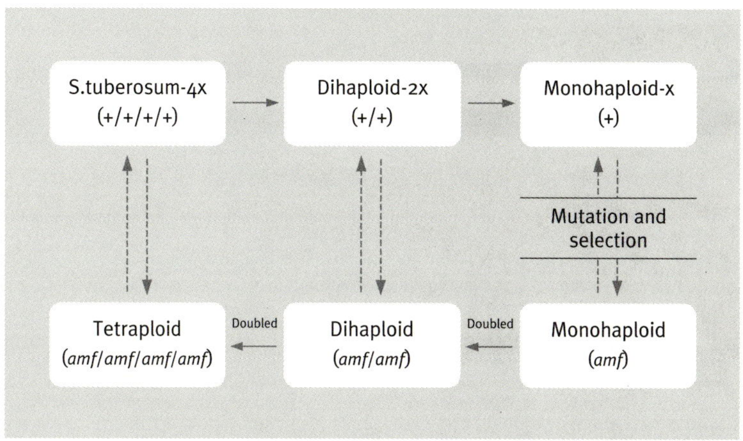

그림 4-1. 야생형 S. tuberosum(+/+/+/+) 로부터 nullipex의 무아밀로스(amf/amf /amf/amf)를 생산할 수 있는 과정(Jacobsen과 Ramanna 1994)

감자에서 12개 연관군의 RFLP를 이용한 유전자지도가 이미 작성되어(Bonierbale 등 1988) 사용되고 있지만 2배체 감자는 고도의 이형접합성이고 자가불화합성이므로 감자에서 다양성을 분류하는 것은 복잡하다. 그러나 1반수체를 배가한 2배체를 사용하거나 이들의 교배자손을 사용할 경우에는 훨씬 간단할 것이다(Jacobsen 와 Ramanna 1994).

Singsit와 Ozias—Akins(1993)는 2배체인 *S. berthaultii* 한 계통과 4개의 *S. phureja* 계통들의 잡종 F_1과 BC_1을 약배양하여 나온 1반수체와 1반수체를 배가한 2배체와 잡종 양친의 RAPD 표지를 사용하여 2배체에서 유도된 1배체의 유전적 변이를 분석할 수 있었다. 하나의 잡종 2배체로부터 발생한 1배체와 RAPD 표지를 이용하여 교배를 하지 않고도 유전적 연관 지도를 작성할 수 있다는 가능성을 보여주었다. 1반수체가 배가된 2배체는 양적 형질의 유전자좌의 유전을 연구하기 위한 검정교배의 양친으로도 사용할 수 있을 것이다.

2. 세포융합

형질이 다른 두 계통의 세포융합은 두 계통의 형질을 다 소유할 것이라는 가정 하에서 융합잡종을 시도하고 있다. 그러나 대부분의 실험결과 잡종 간에 차이가 있다는 것을 보여준다. Thach 등 (1993)은 감자 바이러스 X와 감자 바이러스 Y에 각각 단일유전자 저항성이 있는 *S. tuberosum* 간의 세포융합 7개 조합을 조사한 결과 융합잡종 4개 조합에서는 두 종류의 저항성형질을 다 소유하였으나 3개 조합에서는 개체에 따라 차이가 발견되었다.

(1) 세포융합의 필요성과 방법

재배종과 교배가 어려운 유용한 야생종을 교배하기 위해서는 배수성을 변화시키든가 다른 종들을 중간 교배친으로 사용하는 브리지교배(bridge cross)를 해야 하므로 그 과정에 어려움이 있고 오랜 기간이 소요된다. 체세포융합은 종간의 불친화성을 극복하는 매우 좋은 방법이다.

*Solanum*에서 종간의 체세포융합은 교배장애를 극복하고 다수의 유용한 유전자 혹은 모든 염색체를 재배종으로 이전하는 방법으로 많이 이용되고 있다. Etuberosa열에 속하는 종들은 괴경형성을 하지 못하나 재배품종에는 없는 고도의 병저항성이나 해충저항성을 갖고 있다(Austin 등 1988). Etuberosa에 속하는 대부분의 종들은 재배감자와 교배가 되지 않는다. 재배종과 정상적으로 교배가 되지 않는 종의 유전자를 재배종으로 이입시키기 위하여 몇 가지 방법이 이용되고 있다. 그 중에 세포융합 기술이 많이 이용되고 있다. 세포융합의 또 다른 특색은 일반 교배와는 달리 새로운 핵-세포질기관의 재배합이 일어날 수 있어 다양한 엽록체

DNA와 미토콘드리아 DNA의 배합이 창조될 수 있다.

융합하고자 하는 식물체의 잎을 전처리한 후에 효소를 처리하여 원형질체를 분리하고 적정 원형질체의 농도로 조절한 후에 융합을 한다. 융합 방법에는 polyethylene glycol(PEG)용액을 이용하는 방법과 전기융합(electro-fusion)을 이용하는 방법이 주를 이룬다.

PEG 방법은 사용해야 할 원형질체의 양이 많아야 하고 감염율도 높아 전기충격에 의한 방법을 많이 이용하나, 이 방법은 고가의 기기가 있어야 가능하다. 융합하기 전에 두 종류의 원형질체에 각각 다른 종류의 형광염색을 하여 융합을 시킨 후에 도립현미경(inverted microscope)으로 융합된 세포가 있는 위치를 검색하여 배양용기(petri dish 등)에 표시하여 이 부위에서 자란 캘러스만을 계속 길러 검사하면 많은 캘러스를 길러 재분화시키지 않아도 되는 좋은 점이 있다. 그러나 형광염색을 하는 중 많은 세포가 소실되고 현미경으로 판별하는 데 상당한 시간과 노력이 소모된다. 그러므로 모든 캘러스를 재분화시킨 후에 융합체를 선발하는 것이 더 나은 방법이 될 수도 있다. 융합 양친에 따라 양친보다는 융합된 세포가 더 잘 성장하는 경우도 있다.

세포융합을 하기 위해서는 우선 원형질체를 분리하여 배양하고 이를 재분화시킬 수 있는 기술이 확립되어야 한다. 원형질체의 분리는 시험관 내에서 배양한 잎을 사용하는 것이 소독하는 데 스트레스를 덜 주므로 온실재배 식물의 잎을 사용하는 것보다 유리하다. 원형질체 분리방법과 융합방법에는 여러 방법이 있겠으나

kim 등(1993)이 사용한 방법을 간단히 설명하고 자세한 것은 문헌을 참고하기 바란다.

22~24℃에서 시험관에 계대배양 후 식물의 생장속도에 따라 빠른 것은 4~5주, 느린 것은 6~8주 후에 시험관 식물 40~50개체의 잎에서 원형질체를 분리하였다. 약간 변형된 Haberlach 등(1985)의 방법을 따랐으며 간단히 설명하면 다음과 같다:

(1) 자른 잎을 부양용액(floating medium)이 있는 페트리접시에 담아 실온의 어두운 상태에서 48시간 보관한다. 부양용액의 구성은 1ℓ당 $CaCl_2.2H_2O$ 147mg, NH_4NO_3 8mg, NAA 2.0mg, BAP 1.0mg이다.

(2) 잎을 조정액(conditioning medium)(표 4-1)에 옮겨 4℃에서 24시간 보관한다.

(3) 잎을 날카로운 칼로 잘라 삼각플라스크에 있는 소화액(enzyme digestive medium)(표4-1)에 넣고 진공 상자에 옮겨 45~50Hg의 진공상태를 4분간 유지한 다음 6분간 진공압을 천천히 내려준다.

(4) 28℃로 옮겨 16시간 후에 94um의 체로 걸러 밥콕(bobcock) 병에 넣어 1300rpm으로 원심분리한다.

(5) 원형질체는 세척액(rinse medium)에 재부유시켜 한두 번 더 원심분리하여 소화액을 세척한다. 이때 세척액은 125g/L의 서당(sucrose) 용액으로 지방산이 포함되지 않은 bovine serum albumin(BSA;sigma A-7030) 0.2%액을 사용하였다.

표 4-1. Solanum종의 잎 원형질체 배양에 필요한 배지 조성(Haberlach 등 1985, Kim 등 1993).

	SKM (mg/l)	Conditioning (mg/l)	Enzyme digest mix (mg/l)	Differentiation (mg/l)
KNO_3	1900	190	190	1900
$CaCl_2 \cdot 2H_2O$	600	44	44	440
KH_2PO_4	680	17	17	170
KCl	300	-	-	-
H_3BO_3	3	0.62	0.62	3.10
KI	0.75	0.083	0.083	0.42
$Na_2MoO_4 \cdot 2H_2O$	0.25	0.025	0.025	0.13
$CoCl_2 \cdot 6H_2O$	0.025	0.0025	0.0025	0.013
$MgSO_4 \cdot 7H_2O$	350	37	37	370
$MnSO_4 \cdot 4H_2O$	10	2.23	2.23	11.16
$ZnSO_4 \cdot 7H_2O$	2	0.86	0.86	4.30
$CuSO_4 \cdot 5H_2O$	0.025	0.0025	0.0025	0.013
$FeSO_4 \cdot 7H_2O$	38	2.786	2.786	13.94
Na_2EDTA	30	3.726	3.726	18.64
NH_4Cl	0	-	-	267.5
Adenine sulfate	0	-	-	80
Thiamine · HCl	2.0	0.05	-	0.5
Pyridoxine · HCl	0.5	0.05	-	0.5
Nicotinic acid	5	0.5	-	5
Biotin	0.005	0.005	-	0.05
Glycine	-	0.2	-	2
Folic acid	0.2	0.05	-	0.5
Pantothenate	0.5	-	-	-
p-Aminobenzoic acid	0.0.1	-	-	-
Choline chloride	0.5	-	-	-
Riboflavin	0.1	-	-	-
Ascorbic acid	1	-	-	-
Casein hydrolysate	-	100	-	100
IAA	-	-	-	0.1
t-Zeatin	-	-	-	2.5
BA	0.4	0.5	0.5	-
Myo-inositol	50	10	-	100
NAA	1.0	2.0	2.0	-
PVP	-	-	20g/l	-
Cellulysin	-	-	5g/l	-
Macerase	-	-	1g/l	-
Sucrose	10g/l	-	103g/l	2.5g/l
Glucose	10g/l			
D-Mannitol	40g/l	-	-	36.4g/l
Casamino acid	250	-	-	-
Agar	-	-	-	10g/l
Coconut water	22	-	-	-
BSA	2.0g/l	-	-	-

(6) 최후의 원형질체는 전기융합에 사용하기 위한 융합용액으로 $4 \times 10^5 ml^{-1}$의 농도로 조정되었다. 융합용액은 sucrose 0.059M, mannitol 0.393 M과 $CaCl_2$ 0.5mM이었다.

이 실험에서는 Electrofusion Processor #001002(DEP system Inc.)를 사용하였으나 더 발달된 다른 기계도 있을 것으로 판단되며 기기에 따라 사용방법은 다를 것이다. 융합 후에 원형질체는 1.3×10^5 mL^{-1} 농도로 SKM 용액(Hunt와 Helgeson 1989)에 희석하여 페트리접시에 담아 봉한 후에 어두운 곳에서 2일간 방치하여 원형질체가 안정될 시간적 여유를 준다. 반드시 SKM 용액이 아니라도 더 좋은 용액이 있을 수도 있다.

융합처리된 세포를 SKM 1배 용액에 1×10^5 mL^{-1}로 희석하고 이와 같은 분량의 agarose 1.5%액과 같은 분량의 SKM 2배 용액을 혼합한 후 같은 분량의 세포액을 혼합하여 3.3×10^4 mL^{-1} 농도의 반고체 agarose 용액을 만들게 된다. SKM 용액은 표 4-1을 참고하면 된다. 미리 만들어 놓은 15ml의 고체 SKM bactoagar가 들어 있는 페트리접시에 앞에서 혼합한 반고체 agarose 3ml를 넣어 전체 접시에 퍼지게 한다. 작은 캘러스가 생기면 위의 반고체배지 부분만 6~8쪽으로 잘라 분화배지(표 4-1)에 넣는다. 분화되어 나온 줄기는 시험관의 증식배지로 옮겨준다. 한 캘러스에서 여러 줄기가 나오면 이들은 따로 번호를 부여한다. 한 캘러스에서 발생하더라도 분화 과정 중에 변이가 발생하기 때문이다. 또한 하나의 캘러스처럼 보이더라도 두 세포가 함께 있는 경우도 가능하기 때문이다.

(2) 세포융합체의 선발

융합체 선발은 식물의 형태로 짐작할 수도 있으나, 양친간에 다형성(polymorphism)이 있는 동위효소나 RAPD, RFLP 등을 찾아 이들이 모두 나타난 개체를 선발하면 더욱 정확할 것이다.

*S.commersonii*와 *S.tuberosum* 반수체의 세포융합을 예로 들어 설명하고자 한다. *S. commersonii*는 고비중, 내냉성, 내한성, 내병성 등 다양한 유용형질을 가지고 있는 2배체 식물이나 1EBN으로 재배종과는 4배체와도 반수체와도 교배가 잘 되지 않는다. 따라서 이를 이용한 세포융합 연구가 많이 이루어지고 있다(Kim 등 1993, Kim-Lee 등 2005, Barone 등 2002, Bastia 등 2000).

세균성 *Ralstonia solanacerum*에 의해 감염되는 풋마름병에 저항성인 감자의 근연야생종 *S. commersonii* clone LZ3.2 (2n=24, 1EBN)와 풋마름병에 감수성인 재배종 수미의 2반수체 PT56(2n=24, 2EBN)과의 융합잡종의 선발과 후대선발 과정을 예로들어 설명하고자 한다(Kim 등 1993).

LZ3.2를 A계통, PT56을 B계통이라 하면, 이 두 계통의 원형질체를 융합시켜 배양된 캘러스에서 얻은 식물체는 A, B, A+B, A+A, B+B, A+A+B, B+B+A 등 다양하다. 이 중에서 A와 B가 융합된 개체만을 선발하는 방법으로 동위효소, RAPD, 또는 RFLP의 다양성을 검사하여 두 계통간의 융합체를 선발하였다. 여

러 종류의 효소들에 대한 양친의 다양성을 검사한 결과 두 양친간
에 다양성이 있는 maleic dehydrogenase(MDH)와 menadione
reductase(MNR)를 starch 젤을 사용하여 분석하였고 RAPD와
RFLP도 양친간에 다양성이 있는 primer(시동체)와 제한효소를 각
각 사용하였다. RFLP는 과정이 복잡하므로 시간이 짧게 소요되는
동위효소나 RAPD 방법만 이용하여도 충분하다고 판단된다. A와
B의 융합으로 선발된 잡종이라 하더라도 3중으로 융합된 것을 구
별하기 위하여 염색체 검경도 뒤따라야 한다.

　이 실험의 경우 2배체 야생종이나 재배종의 반수체보다는 융합
체의 캘러스가 더 잘 자라는 경향이었다. 융합 조합에 따라 융합
체만 재분화한 경우도 있다. 이때부터 잡종강세의 현상이 나타나
는 것으로 판단할 수도 있겠다. 4배체와 2배체를 양친으로 이용
하였을 경우에는 융합체보다 4배체가 더 잘 분화하기도 하였다.
*S. commersonii*와 4배체의 *S. tuberosum*의 세포융합 연구(Bastia
등 2000)에서도 융합 캘러스가 양친에서 유도된 캘러스보다 더 강
하게 자랐다. 그러나 본인의 실험에서 *4x S. tuberosum*과 *2x S.
commersonii*을 융합시킨 경우 대부분의 분화체는 4배체였고 융
합체는 아주 낮은 율로 생성되었다(미발표).

　2배체 LZ3.2와 재배품종 수미의 반수체 PT56을 융합시켜 생긴
캘러스에서 재분화시킨 식물체를 검정한 결과 53개체 중 한 개체
만이 비융합체이고 나머지는 모두 어떠한 형태로든 두 계통이 융
합된 것이었다. 융합체 중에는 염색체 검사결과 3중 혹은 4중으
로 결합된 6배체 이상의 개체도 다수 있었다(Kim 등 1993).

S. commersonii LZ3.4(2배체)와 4배체인 S. tuberosum R4 (2n=48, 4EBN)를 융합시켜 재분화된 식물체들 대부분이 4배체인 R4 계통이었고, 두개의 분화개체만이 분명한 융합체인 것으로 판정되었다. 이와 같이 융합양친에 따라 융합체 생성률에 큰 차이가 있다. 그러므로 동위효소분석이나 분자적 표지를 사용하여 융합체로 판명이 되면 염색체검사로 올바른 융합체인지 확인하여야 한다. 구분된 융합체 중에서 후대 교배 및 선발에 가장 적합한 융합체를 선발하는 것이 중요하다. 식물체의 형태가 정상이고 임성이 비교적 높은 것을 선발하는 것이 앞으로의 이용에 편리하고 효과가 있을 것이다. 감수분열기의 염색체가 안정성이 있어야 후대 생성 과정에서 염색체의 소실이 적을 것이다. 이 실험에서는 감수분열도 비교적 정상이고 임성이 좋은 융합잡종 3계통을 선발하여 다른 재배종과 교배하여 육종 재료로 사용하였다(Kim-Lee 등 2005).

같은 융합 캘러스에서 생성된 식물체라도 서로 다르게 변이하는 경우가 많다(Kim 등 1993, Kim-Lee 등 2005, Polgar 1999). 4배체의 재배감자 품종과 S. brevidens(2n=2x=24)의 융합잡종을 분석한 결과 같은 캘러스에서 나온 계통이지만 감자 무름병을 유발시키는 Erwinia carotovora ssp. carotovora에 대한 반응에 차이가 있었다. RAPD로 분석한 결과 brevidens의 12개 염색체 중에 7개의 염색체에서 다형성이 발견되었다. 이중 4종류의 염색체 5, 6, 9, 11에서는 DNA의 단편이 상실된 것으로 판별되었다. 대부분의 변이는 캘러스 형성 초기에 발생하였으나 일부는 식물체 재생이 된 후에 변이가 일어난 것도 있었다. 상실된 RAPD 밴드와 무름병 저항성의 저하가 관련된 것이라고 추정하였다(Polgar 1999).

감자의 역병저항성은 계통특이(race specific)저항성과 수평(horizontal)저항성(일반저항성)이 있는데 *S. tuberosum*에 있는 일반저항성은 다인자(polygenes)에 의해 작용한다고 한다.

Rasmussen 등(1998)은 다인자 유전에 의한 식물체 저항성과 괴경 저항성 혹은 감수성 정도가 서로 다른 *S. tuberosum* 반수체의 5계통을 이용하여 4조합의 세포융합을 하였다. 융합잡종 식물체를 포장재배하여 역병의 식물체 저항성은 포장에서 검사하고 괴경의 역병저항성은 실험실에서 검사하였다. 모든 융합조합에서 각각의 융합잡종에 따라 식물체 저항성과 괴경 저항성 정도가 달랐으나, 한 융합조합에서는 식물체 저항성과 괴경 저항성의 통합저항성이 강한 융합잡종들이 다수(22%, 62개체 중 14개체) 있었다. 그러나 하나의 융합조합에서는 통합저항성이 있는 잡종이 하나도 없었다. 양친의 저항성보다 저항성이 약한 융합잡종도 발견되어 융합과정에서 저항성이 상실될 수도 있다는 것을 보여주었다.

이와 같은 결과는 다인자에 의해 유전하는 식물체와 괴경의 역병저항성은 세포융합으로 두 저항성의 합을 기대할 수 없고 두 저항성이 유전적으로 연관되어 있지 않다는 것을 시사한다. 양친보다 저항성이 약한 융합잡종도 있다는 것은 시험관내에서 생장과정 중에 유전자가 제거되거나 재편성되었을 가능성이 있다는 것을 의미한다(Rasmussen 1998).

(3) 세포융합체의 세포내 소기관

세포융합을 하였을 때 색소체나 미토콘드리아 같은 세포내 소기관의 유전자들은 어떻게 되는가? 융합조합에 따라 결과에 차이가 있었다.

S. commersonii(2x)와 *S. tuberosum*(4x)의 융합체 연구에서 Bastia 등(2000)은 두 양친의 색소체와 미토콘드리아의 RFLP분석에서 다형성이 있는 것으로 확인된 probe를 융합체에 혼성화하여 분석하였다. 색소체의 probe의 경우 8개의 융합체가 *commersonii*의 특색을 나타내었고 6개는 *tuberosum*의 특색을 나타내어 색소체의 염색체는 무작위로 한쪽 친만 갖는 것으로 나타났다. *S. tuberosum*과 *S. brevidens* 혹은 *S. nigrum*(Gressel 등 1984, Pehu 등 1989)에서도 같은 결과였다.

그러나 양친 중 한쪽을 탈색하여 융합시켜 다른 쪽의 색소체 염색체만을 받은 경우도 보고 되었다. *S. commeronii*와 *S. tuberosum*의 융합잡종을 만들기 전에 *tuberosum*을 정상적인 엽록체의 발달을 억제하는 제초제 SAN9789로 처리하였을 때 융합체는 주로 *commersonii*의 색소체 염색체를 가졌다 한다(Bastia 등 1998).

그러나 미토콘드리아의 염색체는 다른 양상을 보였다. 5개의 미토콘드리아 probe를 *S. commersonii* + *S. tuberosum* 융합체에 혼성화하였을 때 probe에 따라 다르긴 하였으나 대부분 (75%~100%)의 probe가 *tuberosum*의 특성을 나타내어 *tuberosum*의 미토콘드리아 DNA를 물려받은 것으로 판단되었다. 두 probe에서는 두 개의 융합잡종에서 *commeronii*의 특성을 보여주었고 또한 *tuberosum*도 아니고 *commersonii* 특성도 아닌 새로운 특성을 보인 융합잡종도 있었다(Bastia 등 2000).

*S. tuberosum*과 다른 야생근연종 간의 융합잡종에서도(Xu 등 1993, Yamada 등1997) 주로 *tuberosum*의 미토콘드리아 DNA를 받은 것으로 보고되었다. 이러한 결과는 캘러스 생장과 재분화 과정에서 미토콘드리아의 역할이 있음을 추정할 수 있고 *tuberosum*의 미토콘드리아가 야생종의 미토콘드리아보다 효과적인 반면 엽록체는 이러한 영향을 주지 못하는 것이 아닌가 추정하였다(Bastia 등 2000).

감자는 200종 이상의 야생근연종이 있다. 이들 야생종에서 유용유전자를 재배종으로 이입시키는 것은 감자육종의 중요한 과제이다. 많은 종들이 재배종과 교배가 가능하나 가능하지 않은 종들은 세포융합을 하여 잡종을 생산할 수 있다. 교배잡종이든 융합잡종이든 야생종의 염색체 혹은 염색체 일부가 잡종 후대에 유입된 것을 확인하는 것은 육종과정에서 필수적이다.

야생종을 포함한 교배잡종 혹은 세포융합잡종이 만들어져도 재배종과 야생종 간에 염색체의 대합(pairing)이 있어야 한다. 그러나 감수분열기의 검사로 이종 염색체 간의 대합을 확인할 수 있어도 교차는 확인할 수 없다. 그러나 교차가 있어야 효율적인 야생종의 유전자 이입이 가능하다.

교차는 잡종이나 후대자손의 분자표지의 분석으로 확인이 가능하다(McGrath 등 1994, Williams 등 1993). 이에 대한 설명은 제3장-

3의 「분자유전학 연구와 세포유전학 연구」를 참고하기 바란다.

(4) 융합잡종의 후대 선발

실험의 주 목적이 야생종에서 저항성 유전자를 이전하는 데 있으므로 위의 여건을 갖추면서 동시에 저항성인 융합체를 교배모본으로 사용하고 후대 잡종도 저항성인 것을 선발하는 것은 당연하다고 하겠다.

이러한 원칙을 바탕으로 식물의 형태적 특성을 고려하여 Kim-Lee 등(2005)은 교배잡종 1세대 CT02-4, CT08-4와 CT10b-4를 다른 재배품종과 교배하여 교배잡종 2세대(CT201 - CT206)를 얻었다. 교배잡종 1세대에서 저항성인 것과 감수성인 것이 함께 존재하는 것으로 보아 LZ3.2의 풋마름병 저항성은 이형접합성인 것으로 판단된다.

이와 같이 2배체와 재배종 반수체 간의 융합잡종을 이용하여 유성교배 2세대까지 저항성이 전달될 수 있었다. 이들은 저항성이며 괴경의 형태, 수량, 초형, 글리코알칼로이드(Glycoalkaloid) 등 여러 형질을 더 검정하여 품종 선발에 직접 이용되거나, 계속적인 일반 교배육종의 재료로 사용되어 저항성을 재배종에 전달할 수 있다.

저항성 유전자의 전달이 효과적으로 되기 위해서는 야생종과 재배종의 염색체가 서로 대합하고 교차할 수 있어야 할 것이다. 만일 접합하여 교차하지 않는다면 저항성이 전달된 자손에는 야생종의 한 개 염색체 전체가 있게 되므로 재배종으로서 가치가 떨어진다. 다른 세포융합체의 결과에서 야생근연종과 재배종 간의 염색체 대합이 잘 이루어진다는 보고가 있다(Williams 등 1993, Kim과 Erickson 1979).

계통의 선발과 동시에 저항성 표지를 규명하고 선발된 표지를 이용하여 계속적으로 품종 개발을 하기 위해서는 저항성 개체만이 아니라 감수성인 개체도 함께 유지하여 비교 선발해야 한다.

유전분석과 야생종을 이용한 육종

ⓒ 임학태

감자의 수확

감자는 4배체이며 이형접합성이기 때문에 유전연구와 육종은 단순하지 않다. 동질4배체인 재배감자는 동계교배(inbreeding)에 의한 퇴화가 심하고 이형접합성에 의한 수확량 증가를 유도하는 육종방법이 중요하다. Hougas와 Peloquin(1958)에 의해 4배체감자의 단위생식으로 반수체(2배체)를 생산할 수 있었고 또 2배체에서 2n배우자 형성에 관한 유전적 기작이 규명되면서 야생종을 이용하고 잡종강세를 이용한 육종에 박차를 가하기 시작하였다.

1. 4배체성 유전

동질4배체에서는 한 유전자좌에 4종의 다른 대립유전자까지 있을 수 있다. 육종 집단에는 물론 훨씬 더 많은 대립유전자가 존재할 것이다. 그러므로 이들 대립유전자 간의 상호작용(intragenic interaction)이 2배체에서보다 훨씬 더 복잡할 것이다. 한 유전자좌에 한 종류, 두 종류, 세 종류 또는 네 종류의 유전자가 함께 있을 수 있어 다음과 같은 다양한 인자형이 가능하다.

$a_i a_i a_i a_i$ monogenic

$a_i a_i a_j a_j$ digenic simplex

$a_i a_i a_j a_j$ digenic duplex

$a_i a_j a_k a_k$ trigenic

$a_i a_j a_k a_l$ quadrigenic

한 유전자좌의 G_{ijkl}(quadrigenic) 4중 유전인자형의 유전적 가치는 각 대립유전자의 상가적 가치(additive value)와 한번에 둘, 셋넷의 대립유전자 간의 상호작용의 결과가 된다.

$$G_{ijkl} = a_i + a_j + a_k + a_l + b_{ij} + b_{ik} + b_{il} + b_{jk} + b_{jl} + b_{kl} + c_{ijk} + c_{ikl} + c_{jkl} + d_{ijkl}$$

c와 d 같은 여러 대립인자의 상호작용은 동계교배에서 빨리 감소될 것이다. 감자에서의 자식열세(inbreeding depression)는 아주 심한 것으로 보고 되고 있다. 이는 대립인자의 다양성이 잡종강세를 나타내는 데 매우 중요하다는 것을 말해준다. 따라서 mono 또는 digenic보다는 tri 또는 quadrigenic 쪽으로 이형접합성이 많은 계통을 선발할 수 있는 육종 방법이 다수확 계통의 선발에 유용할 것이다(Brown 1990). 4배체의 유전양상과 자세한 분석방법은 Bradwhaw(1994)를 참고하기 바란다.

다행히도 4배체($2n=4x=48$)의 재배감자에서 단위생식에 의한 2반수체, 즉 2배체 식물체($2n=2x=24$)가 쉽게 얻어질 수 있다. 2반수체들은 대부분의 2배체 근연야생종들과 교배가 되어 다양한 유전적 특성을 도입하는 데 이용될 수 있다. 이들 2반수체들은 2배체성 유전을 하고 2배체 수준에서 선발할 수 있어 4배체에서보다 선발의 효율성이 크다. 이와 같은 방법으로 선발된 2배체잡종이 2n 배우자를 생산한다면 4배체와 교배가 가능하여 4배체 자손을 얻을 수 있다. 본장 2-(2)의 「2배체가 유리한 이유」에 좀 더 자세한 설명이 있다.

보통의 4배체가 생성하는 배우자의 이형접합성 율은 simplex ($a_ia_ja_ja_j$)의 경우 유전자의 염색체상 위치에 상관없이 50%이다. 이와 비교하여 2n 배우자를 생산하는 2배체에 의해 생성되는 배우자의 이형접합성 형성률은 유전자의 위치와 2n 배우자형성 기작에 따라 표 5-1과 같이 달라진다. FDR의 경우 유전자가 염색체 말단(m=1)에 있는 경우 78.1%이고 동원체에 있을 경우는 100%, SDR에서는 0~43.8%이다. 따라서 FDR에 의해 이형접합성이 뚜렷하게 증가한다. 이형접합성의 보존은 대립유전자의 다양성을 높여 수량증대에 기여하는 중요한 방법이다. 4x-2x 교배에 의한 4배체 자손이 전통적인 4x-4x

표 5-1. 이형접합성의 2배체가 제1 감수분열퇴행(FDR)과 제2 감수분열퇴행(SDR)으로 생산하는 유전자의 염색체위치에 따른 이형접합성 2n 배우자의 비율(유전자좌의 위치: 동원체 m=0, 염색체 말단 m=1.0) (Brown 1990).

Location (m/l)	% Heterozygosity	
	SDR	FDR
0.0	0.0	100.0
0.1	9.1	95.5
0.2	16.5	91.8
0.3	22.6	88.7
0.4	27.5	86.2
0.5	31.6	84.2
0.6	35.0	82.5
0.7	37.8	81.1
0.8	40.1	79.9
0.9	42.1	79.0
1.0	43.8	78.1

교배 자손보다 효과가 더 좋았다는 보고들이 있다(Mok과 Peloquin 1975b, De Jong 등 1981).

2. 24염색체의 야생종과 반수체의 이용

재배감자 *S. tuberosum*은 4배체(2n=4x=48)로서 4배체성 유전을 한다. 2배체의 야생종과 2배체 재배종은 4배체 재배감자에서 유도된 반수체(2n=2x=24)와 교배되어 2배체의 잡종이 생산될 수 있다. 더욱이 상당수의 이들 잡종은 2n 배우자를 생산할 수 있다. 2n 배우자는 여러 방법에 의하여 생성되고 이에 대한 설명은 제2장-2의 「2n 배우자의 생성기작」을 참조하기 바란다.

(1) 2n 배우자의 이용

2n 배우자 형성기작에 따른 유전적 결과

2n 배우자 생산기작에 여러 종류가 있으나, 이들은 유전적으로 제1 감수분열 퇴행(First Division Segregation, FDR)이나 제2 감수분열 퇴행(Second Division Segregation, SDR)의 결과로 2n 배우자가 된다.

그림 5-1은 *Aa* 유전자형의 2배체가 FDR에 의한 2n 배우자를

형성할 경우의 모식도이다. A와 a 유전자와 동원체 사이에 교차 없이 2n 배우자가 형성되면(No Exchange Tetrads, NET), 모든 2n 배우자의 유전형은 Aa이고, 한 번의 교차가 있으면(Single Exchange Tetrads, SET) 두 종류의 염색체 배열이 가능하고, 염색체 배열에 따라 AA와 aa가 1:1 혹은 모두 Aa가 될 것이다. SET 의 형성률이 β라면 AA, Aa, aa 배우자의 비율은 $\beta/4:(1-\beta/2):\beta/4$ 이다(표 5-2)(Tai 1994).

그림 5-2는 SDR에 의한 세포학적 모식도이다. 이 기작에서는 제2 감수분열이 진행되지 않으나 염색분체는 서로 떨어져 2n 배

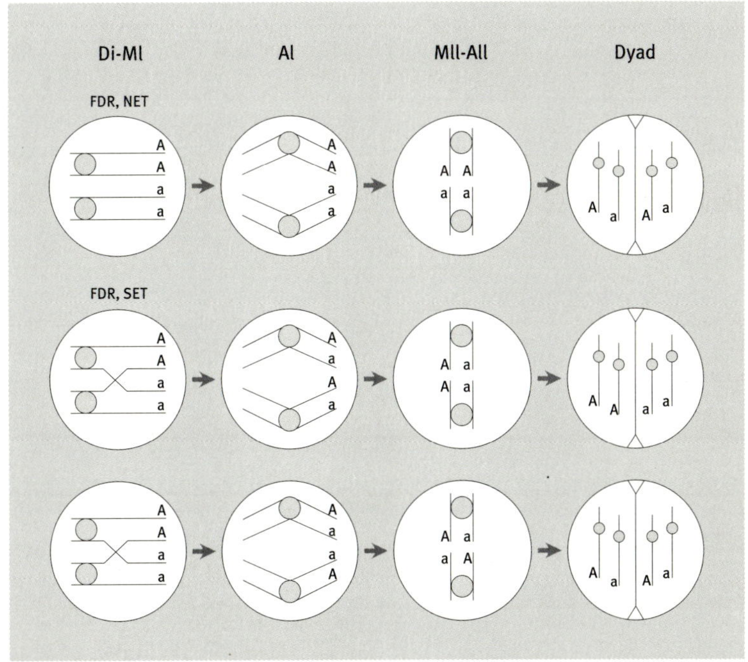

그림 5-1. 제일감수분열퇴행(FDR)에 의한 2n 배우자 형성.
Di=이동기, A=후기, M=중기, NET=No-Exchange tetrads, SET=Single exchange tetrads(Tai 1994)

표 5-2. 4배체와 2배체 양친에 의해 생산되는 다른 인자형의 $2x$ 배우자형성율(Tai 1994)

parental genotype		2x gamete		
		AA	*Aa*	*aa*
Tetraploid				
Quadrauplex	(*AAAA*)	1	0	0
Triplex	(*AAAa*)	$(2+\alpha)/4$	$(1-\alpha)/2$	$\alpha/4$
Duplex	(*AAaa*)	$(1+2\alpha)/6$	$(2-2\alpha)/3$	$(1+2\alpha)/6$
Simplex	(*Aaaa*)	$\alpha/4$	$(1-\alpha)/2$	$(2+\alpha)/4$
Nulliplex	(*aaaa*)	0	0	1
Diploid				
FDR	(*AA*)	1	1	0
FDR	(*Aa*)	$\beta/4$	$(2-\beta)/2$	$\beta/4$
FDR	(*aa*)	0	0	1
SDR	(*AA*)	1	0	0
SDR	(*Aa*)	$(1-\beta)/2$	β	$(1-\beta)/2$
SDR	(*aa*)	0	0	1

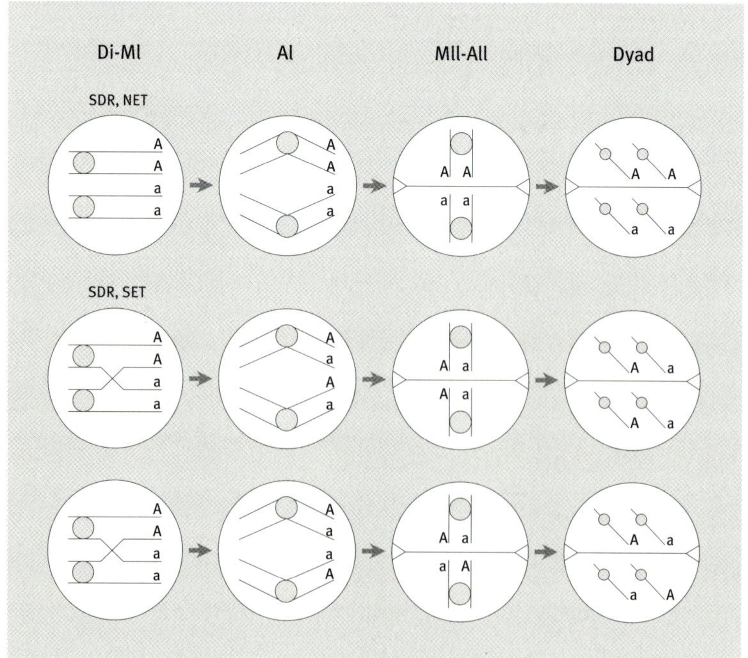

그림 5-2. 제이감수분열퇴행(SDR)에 의한 2n 배우자 형성.
Di=이동기, A=후기, M=중기, NET=No-Exchange tetrads, SET=Single exchange tetrads(Tai 1994)

우자가 되는 것이다. 이 경우에 NET의 경우 *AA*와 *aa*가 1:1이고, SET의 경우 두 종류의 배열이 가능하며 그림 5-2에 있는 바와 같이 두 종류의 배열에서 모두 *Aa*의 2n 배우자를 생산한다. 유전자가 첫 번 교차점과 동원체 사이에 있으면 염색체 분리(chromosome segregation)를 하나 유전자가 동원체에서 첫번 교차점보다 멀리 있는 경우에는 염색분체 분리(chromatid segregation)를 한다. 만일 SET의 형성률이 β라면 *AA*, *Aa*, *aa* 배우자의 비율은 $(1-\beta)/2:\beta:(1-\beta)/2$ 일 것이다. FDR, SDR의 경우 다 SET의 형성률은 β는 0-1이고 $\beta=0$이면, 즉 유전자가 동원체와 첫 번 교차점 사이에 있을 경우면, 염색체 분리(chromosomal segregation)를 하여 FDR의 경우 모든 배우자가 *Aa*이고 SDR의 경우에는 *AA*와 *aa*가 1:1일 것이다. $\beta=2/3$이면 무작위 염색분체 분리(random chromatid segregation)를 하여 FDR과 SDR의 두 경우에 다 *AA*:*Aa*:*aa*의 비가 1:4:1일 것이다(Tai 1994).

몇 종류의 비접합 돌연변이(synaptic mutant), *sy-1*, *sy-2*, *sy-3*(2장 2-(1) 참조)가 발견되었다. *sy* 돌연변이와 평행 방추사돌연변이(*ps*)가 함께 있으면 교차 없이 FDR의 2n 화분을 생산할 수 있다. 즉 어떠한 유전자에 대해서도 $\beta=0$이다(Tai 1994). 한편 *AAaa* 인 자형의 4배체가 *AA*, *Aa*, *aa* 배우자를 생산하는 비율은 double reduction을 하는 율이 α일 때 $(1+2\alpha)/6:(2-2\alpha)/3:(1+2\alpha)/6$이다. α의 범위는 0-1/6이다. $\alpha=0$면 염색체 분리를, $\alpha=1/7$이면 염색분체 분리를 한다(Tai 1994).

Double reduction은 4배체성 유전의 경우에 일어나는 현상으로, 두 자매염색분체가 같은 배우자로 들어갈 수 있게 되는 경우이다. 즉 한 배우자로 들어간 두 염색체가 각각 같은 자매 염색분체를 갖게 되는 것이다. Double reduction은 4가 염색체가 형성되고 동원체와 유전자좌 사이에서 교차가 한 번 진행되어 자매염색분체가 다른 동원체에 연결되고, 자매염색분체가 연결된 두 동원체가 제1 후기에 같은 극으로 이동한 후, 제2 후기에 그 유전자가 있는 자매염색분체가 같은 극으로 이동할 경우에 일어난다(그림 5-3). Double reduction을 하면 *AAAa*의 4배체에서도 *aa*의 배우자를 생산할 수 있다(Ortiz와 Peloquin 1994).

Double reduction의 빈도는 수학적으로 α(alpha)=qea/2로 계산되며 q는 4가 염색체 형성빈도, e는 균등분리빈도로 유전자와 동원체 사이의 거리에 영향 받고, a는 유전적 비분리(일반적으로 1/3)빈도이다. α가 영(0)에 가까우면 유전자가 동원체에 가까이 있을 때 염색체 분리를 하고, α가 1/7이면 염색분체 분리를 할 것이

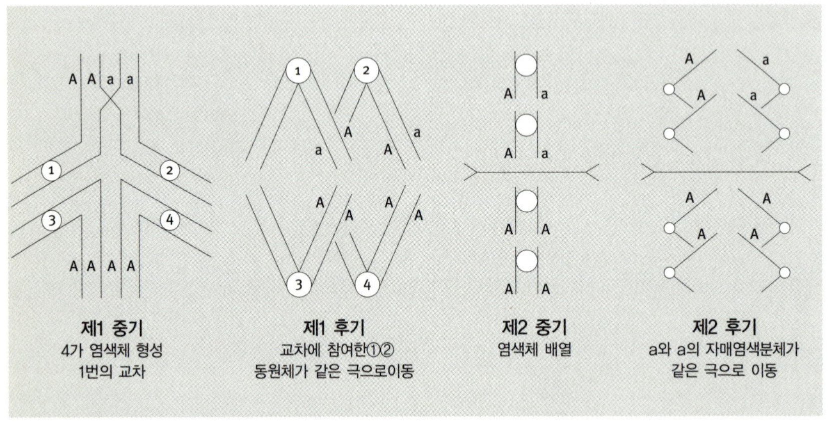

제1 중기	제1 후기	제2 중기	제2 후기
4가 염색체 형성 1번의 교차	교차에 참여한①② 동원체가 같은 극으로이동	염색체 배열	a와 a의 자매염색분체가 같은 극으로 이동

그림 5-3. tetrasomic 유전에서 double reduction이 일어날 수 있는 경우

표 5-4. 4배체성 다배체에서 double reduction 계수 alpha(α)에 따라 각종 배우자인자형의 기대율(Ortiz와 Peloquin 1994).

Tetraploid Parent	Genotype	2n gamete			Divisor
		AA	*Aa*	*aa*	
Quadrauplex	*AAAA*	1	0	0	1
Triplex	*AAAa*	$2+\alpha$	$2(1-\alpha)$	α	4
Duplex	*AAaa*	$1+2\alpha$	$4(1-\alpha)$	$1+2\alpha$	6
Simplex	*Aaaa*	α	$2(1-\alpha)$	$2+\alpha$	4
Nulliplex	*aaaa*	0	0	1	1

다. α가 1/6일 경우는 최대의 균등 분리를 한다. 4배체성 유전을 하는 4배체가 생산하는 것으로 기대되는 배우자의 분리비를 표 5-4에서 볼 수 있다(Ortiz와 Peloquin 1994).

2n 배우자를 이용한 유전자지도 작성

Mendiburu와 Peloquin(1979)은 $4x-2x$ 교배에서 $aaaa \times Aa$를 이용하여 동원체와 유전자 사이의 유전자지도 작성방법을 제시하였다. Aa 2배체 양친이 FDR에 의해 생산하는 aa 배우자가 교배되어 나오는 nulliplex(aaaa)의 생성비율로 거리를 추정하는 것이다. FDR에 의한 aa 배우자는 Aa 2배체가 한 번 교차(SET)하여 생산된다는 이론에 근거한다. SET율이 β일 경우 Aa 2배체의 FDR에 의한 배우자의 비는 $AA:Aa:aa = \beta/4 : 1-\beta/2 : \beta/4$이다. Aa 유전자좌와 동원체 사이의 염색체지도 상 거리(map distance)가 d 라면 d = $(\beta/2) \times 100$cM이다. 계수 β는 실험결과 자손의 nulliplex(aaaa)의 수로 산정한다. 예를 들어 전체 자손의 수가 N이고 nulliplex 수가 n이라면, $\beta = 4n/N$과 d = $(2n/N) \times 100$cM이다(Tai

1994). Douches와 Quiros(1987)는 이러한 종류의 분리비를 적용하여 동원체와 유전자 사이의 거리를 측정하여 제시하였다.

그러나 이와 같이 2배체 양친의 2n 배우자를 이용하여 동원체와의 거리를 측정하려면 FDR 아니면 SDR 한 종류의 기작으로 2배체 배우자를 생산하는 계통이어야 한다. 한 계통이 FDR, SDR 두 기작으로 2n 배우자를 생산한다면 계산이 곤란하다. 그러므로 SDR에 의해서만 2n 난자를 생산하는 계통들이 있으므로(Stelly와 Peloquin 1986), 이러한 2배체를 자방친으로 한 $2x \times 4x$ 교배자손을 이용하는 것이 바람직하다(Tai 1994).

(2) 2배체 감자(diploid와 dihaploid)를 이용한 유전분석

2반수체는 4배체(2n=4x=48)에서 유도된 4배체의 염색체가 반감된 것(2n=2x=24)을 의미하고 2배체(diploid)는 4배체에서 유도된 것이 아니라 본래부터 2배체(2n=2x=24)인 종을 의미한다. 대부분의 2반수체는 4배체 *S. tuberosum*의 재배품종에서 유도된 것이다. 2반수체의 유기방법은 2장-1을 참고하기 바란다.

2반수체를 이용하면 재배종 2배체나 괴경을 형성하는 2배체 *Solanum* 야생종에서 내병성, 내충성 등의 유용유전자를 직접 감자로 이전할 수 있다. 또한 유전분리도 4배체성 유전이 아니라 2배체성 유전을 하므로 육종과 유전분석에 필요한 집단의 개체수가 4배체를 이용할 경우보다 적어도 된다(Ortiz와 Peloquin 1994).

2배체가 유리한 이유

4배체 감자(2n=4x=48)는 4조의 염색체가 있고 4배체 유전을 하므로 2조의 염색체만 있는 2배체 감자(2n=2x=24)보다 유전분석이 복잡하다. 그러므로 염색체 수가 24인 감자를 이용하면 유전분석이 훨씬 단순한 이점이 있다. 예를 들어 *Aa* 인자형의 2배체를 자가수정한 자손의 인자형은 *AA*, *Aa*, *aa*의 세 종류뿐이다. *AAaa* 형의 4배체성 4배체의 자가수정 자손은 *AAAA* (quadruplex), *AAAa*(triplex), *AAaa*(duplex), *Aaaa*(simplex)와 *aaaa*(nulliplex) 의 다섯 종류의 인자형으로 분리하며, 이 중 *AAAa*, *AAaa*, *Aaaa* 의 자가수정은 또 여러 종류의 분리를 할 것이다. 2배체성 유전과 4배체성 유전을 표 5-3에서 비교해볼 수 있다. 이형접합형의 2배체(*Aa*)의 자가수정 자손 중 1/4이 열성동형접합자(*aa*)이다. *AAaa* 의 4배체의 자손 중 nullipex(*aaaa*)가 생산되는 비율은 double reduction의 정도에 따라 다르며 염색체 분리를 할 경우 1/36이

표 5-3. 4배체성 유전과 2배체성 유전의 비교(Ortiz와 Peloquin 1994).

Generation	Diploid	Tetraploid Level		
Parents	*AA × aa*	*AAAA × aaaa*		
F₁	*Aa*	*AAaa*		
Gametes	*A, a*	*AA, Aa, aa*		
		1/6 4/6 1/6 (Chromosome segregation)		
		3/14 8/14 3/14 (Chromatid segregation)		
F₂(selfing F₁)			Chromosome	Chromatid
	AA 25%	*AAAA*	3%	5%
		AAAa	22%	24%
	Aa 50%	*AAaa*	50%	42%
		Aaaa	22%	24%
	aa 25%	*aaaa*	3%	5%

고 염색분체 분리를 할 경우 9/196이다(Ortiz와 Peloquin 1994).

2배체는 유전분석뿐 아니라 육종에도 4배체보다 편리하고 가치가 있다. 2배체를 사용하면 해로운 열성대립유전자를 좀 더 빨리 제거할 수 있고, 2배체종에서 원하는 형질을 더 효율적으로 도입할 수 있어 새 종을 육종하는 데 시간을 단축할 수 있게 된다. 선발된 우수한 2배체 계통만을 사용하여 2n 배우자를 이용하면 4배체로 복원할 수 있다(Ortiz와 Peloquin 1994).

세포유전

2반수체는 세포유전학 연구로 4배체 재배종 감자의 배수체의 기원과 관련된 게놈분석으로 이용되기도 하였다. 2반수체 중 규칙적으로 염색체대합을 이루는 것도 있으나 불규칙하게 1가 염색체들을 생산하는 것도 있다. 그러나 불규칙한 감수분열을 하는 Group Tuberosum의 2반수체와 규칙적인 감수분열을 하는 Group Andigena의 2반수체를 교배하여 나온 F_1 자손들은 감수분열기에 규칙적인 염색체 접합을 하였다. 이를 근거로 재배감자는 4배체성 4배체라 하였다(Yeh등 1964). 반대로 Matsubayashi (1979)는 재배종 Chippewa의 2반수체의 분리비에 근거하여 재배감자는 부분적으로 이질4배체라 하였다. 그러나 몇 종류의 형질은 염색체 분리비로 2배체성 분리비와 4배체성 분리비로 다 적용되었다. 이 2배체성 분리비로 분리하는 유전자들은 동원체에서 멀어 염색분체 분리비를 한 것으로 추정하였으며, 그 후 이를 다시 확인할 수 있었다(표 5-5). 2배체는 최근에는 동위효소, RFLP, AFLP

등의 방법으로 분자표지 연구에도 이용되고 FISH와 함께 세포유전 연구에도 이용된다(Ortiz와 Peloquin 1994). 이에 대한 것은 3장의 「세포유전학과 분자유전학」을 참고하기 바란다.

유전체계

Group Tuberosum과 Andigena의 2반수체는 대부분의 2배체종과 교배가 잘 되며 임성이 있는 잡종을 생산하고 이들 잡종은

표 5-5. 4배체성이 아니라 2배체성 분리를 한다고 관찰 보고된 형질에 대한 분리비와. 재배종 Chippewa의 인자형이 duplex로 가정하였을때 기대되는 염색분체 분리비(Ortiz와 Peloquin 1994).

Trait		Observed ratio[1]	Expected Chromatid segregation	χ^2
Stem pubescens				
pubescens	($P\_$)	48	51	
Glabous	(pp)	17	14	χ^2=0.82 n.s.
Stolon lengths				
Short	($S\_$)	46	51	
Long	(ss)	19	14	χ^2=2.23 n.s.
Meiotic behaviour				
Normal	($N\_$)	28	30	
Desynaptic	(nn)	10	8	χ^2=0.63 n.s.
Corolla shape				
Stellate	(SS)	16	12	
Pentagonal	(SR)	28	32	
Subrotate	(RR)	12	12	χ^2=1.80 n.s.
Photoperiod response for tuberization				
Short day	(SS)	18	14	
Day-neutral	(SL)	33	37	
Long day	(LL)	14	14	χ^2=1.57 n.s.

1 From Matsubayashi, 1979

비교적 정상적으로 염색체 교차를 한다. F_2 자손에서 양친형을 회복할 수 있었고, 양친형의 회복률로 2배체 *Solanum*종에서 특정 형질에 관여하는 주유전자(major gene)의 수를 추정하기도 하였다. Flewelling(1987)은 이 방법으로 재배종과 *Solanum*종 간의 잎 형태, 줄기 형태, 괴경과 줄기의 숙기 등의 차이가 약 3~5개의 주유전자에 의해 조절된다고 하였다.

2배체종은 자가불화합성이기 때문에 자연적으로 타화수분을 한다. 기원이 아르헨티나인 4종의 괴경형성 2배체(2EBN), *S. chacoense*, *S. infuldibuliforme*, *S. kurtzianum*, *S. microdontum* subsp. *gigantophyllum*의 종내(intra–)및 종간(inter–)교배의 F_1과 F_2의 형태적, 세포유전적 형질과 동위효소를 이용하여 종들의 관계를 연구하였다. 특이한 것은 종내, 종간 교배 모두에서 F_2 중에 약하고 불임인 자손이 상당수 나타났다. F_1 잡종의 형태는 두 양친의 중간이었고 수세는 양친보다 강했다. 그러나 F_2에서의 형태는 매우 다양하였고, 종간 교배의 경우 양친과 비슷한 형질들은 극히 일부의 F_2에서만 볼 수 있었고 F_2의 약세(약하고 불임)는 종간, 종내 교배에서 비슷한 빈도로 나타났다.

이러한 F_2의 약세 현상은 염색체분화 때문이라기보다는 자연적인 타가수분 종을 근친교배한 결과라고 판단하였다. 일부 종간 잡종에서 태사기의 미약한 접합, 제1 중기에 1가 염색체 같은 비정상적인 감수분열이 관찰되긴 하였으나, 이는 구조적 차이 때문이라고 판단되지 않는다. 왜냐하면 네 종들 간 잡종의 감수분열 태사기 분석결과 염색체의 구조적 차이가 보이지 않았고, 감수분열

기의 대합현상이 열성유전자에 의해 유전적으로 조절된다는 것이
밝혀졌다.

그러므로 종들의 게놈 간 구분을 판단하는 데 감수분열기의 대
합상태를 기준으로 할 때 조심할 필요가 있다. 선택적 대합이 이
루어지는 경우도 있기 때문이다(Ortiz와 Peloquin 1994).

육종과 유전분석에서 2배체종의 이용

2배체 재배종 Group Phureja와 Group Stenotomum을 이용한
감자육종은 1966년 Haynes에 의해 시작되었다. 그의 육종 목표
는 장일에 대한 적응성, 하역병(early blight)과 무름병(soft rot)에
대한 저항성, 건물중, 괴경의 휴면에 관한 것이었다. 이 과제로 일
장반응, 내서성, 고비중, 괴경휴면, 하역병 저항성 등에 관한 2배
체 재배종의 유전 연구에 공헌이 많았다. 감자의 2배체 근연야생
종의 광범위한 평가가 미국 위스콘신에 있는 Inter-Regional
Introduction Project 연구소(Bamberg 등. 1994, Hanneman과
Bamberg 1986)와 페루에 있는 국제감자연구소(CIP)에서 정기적으
로 발표되고 있다.

De Jong과 Rowe(1971)는 자가친화성이 있는 2배체를 사용하
여 2배체 재배종의 자식열세는 평균적으로 2배체의 이형접합성
의 상실정도와 대략 일치한다고 하였다. Pineda-Colorado(1990)
가 한 *S. chacoense*의 자식계통 자손을 분석한 결과에 의하면 화
총수와 화총 당 꽃의 수는 상가적 우성(additive dominance) 모델
이 맞지 않았고 이 형질들의 표현은 유전-환경의 상호작용에 영

향을 많이 받았다. 개체 당 괴경수는 directional dominace가 중요하게 작용하였으며, 괴경의 크기는 상가적 유전자와 부분 우성 유전자의 작용에 의해 결정된다고 하였다. 2배체 재배종과 야생종은 다양한 유전자의 보고이며 이들을 이용한 유전분석은 유용하게 이용될 수 있다(Ortiz와 Peloquin 1994).

그러나 유용하게 사용될 2배체 야생종을 선발하는 것이 쉽지 않다. 왜냐하면 대부분의 2배체 야생종들은 북반구의 포장에서 괴경 형성력이 떨어진다. 그러므로 반수체와 교배할 양친으로 선발하기 위해 고려할 점은 괴경에 관한 형질보다는 내한성, 내냉성, 병이나 해충 저항성 등 특정 형질을 가지고 있는 야생종을 선발하는 것이 바람직하다(Jansky 등 1990).

앞에 기술한 바와 같이 염색체 대합 돌연변이로 인해 교차가 없이 제1 감수분열 퇴행현상으로(First Division Restitution-no Crossing over, FDR-NCO) 생성되는 2n 배우자는 재조합이 없으므로 양친의 유전자를 100% 자손에게 전달할 수 있는 반면 교차가 있는 FDR의 2n 배우자(FDR-CO)는 양친의 이형접합성과 상위성 관계를 80% 정도 전달할 수 있다(2장-2-(2) 참 고). 그러나 동원체와 교차점 사이에 있는 유전자에 대해서는 교차가 있는 FDR과 교차가 없는 FDR 간에 형질표현에 차이가 없다.

Buso 등(1999a,b)은 이 특성에 준하여 $4x \times 2x$의 교배자손을 이용하여 감자의 총 괴경생산량(Total tuber yield, TTY)을 조절하는 양적 형질의 유전자좌의 대략적인 위치를 분석하고자 하였다. FDR-NCO와 FDR-CO기작에 의해 2n 배우자를 생산하는 2배체를 각각 4배체의 양친에 교배하여 그 자손을 분석하였다. 자손의 총 괴경생산량(TTY)은 다양하며 잡종강세 현상이 나타나는 것을 볼 수 있었다. 4배체 양친과 비교하여 41%~175%였다(Buso 등 1999b). 그러나 FDR-NCO 자손과 FDR-CO 자손 간의 TTY의 차이에는 유의성이 없었다. 이 결과는 괴경생산량을 조절하는 유전자들이 주로 동원체와 교차점 사이에 위치한다는 것을 시사한다. 관례적 4x-4x 교배육종 방법에 의한 수량증가의 효과가 느린 반면, 4x-2x 교배에서 유전적 다양성 증가로 나타나는 높은 잡종강세현상에 대한 이유 중에 이러한 양적 형질의 유전자좌의 염색체상 위치도 원인이 될 수 있지 않을까 생각한다(Buso 등 1999).

비슷한 4x-2x 교배 12 교배조합(family)에서 총 괴경 수량이 4x와 2x의 양친보다 각각 평균 10.6%와 42.5% 증가하였다. 그중 다섯 조합에서 4x 양친보다도 40%를 능가하였다(Buso 등 1999a). 줄기의 숙기는 다양하였으나 대체로 4배체보다 만숙이었다(Buso 등 1999a, 2000).

고형분(total solid)은 4배체에 비해 5.1%의 잡종강세 현상을 나타내었고, 휴면기간은 54일로 88일의 휴면기간을 갖는 4배체보다는 휴면기간이 51일인 2배체에 더 가까웠다. 4배체와 2배체 양친 중 어느 양친에 가까운가는 형질에 따라 달리 나타났다. 유전자의 작용도 형질에 따라 달랐다. 유의성 있는 특정조합능력(SCA)과 일반조합능력(GCA)이 관찰되어 상가적(additive) 유전뿐 아니라 비상가적(nonadditive) 유전이 작용한다는 것을 제시하였다. 결론적으로 4배체-2배체 교배에서 괴경 수량과 고형분 등 몇 가지

유용형질에서는 잡종강세 현상이 있었으나 휴면에서는 단기휴면
이 우성으로 작용하였다(Buso 등 2000).

3. 야생종을 이용한 육종

(1) 초기의 육종

16세기에 유럽으로 도입된 감자는 주로 단일 조건하에서 괴경형
성이 잘 되는 품종이었다. 유럽의 장일 조건하에서 괴경을 형성
하는 품종으로 선발하는 데 무려 200년 이상의 시간이 소요되었
다. 일단 재배되고부터 곡류보다 생산성도 좋고 영양분도 좋은 감
자는 특히 아일랜드에서 대량으로 재배되었다. 1845년에 불어 닥
친 감자 역병은 전 아일랜드인에게 기아를 가져오게 되었다. 이때
재배되었던 품종들은 17세기에 유럽으로 도입된 품종들의 후손
들이었다. 이때까지는 육종에 대한 개념도 노력도 별로 없었다.
이를 계기로 육종과 저항성의 발굴이 필요하다는 것을 인식하게
되었다(Brown 1990).

취미 육종가인 Chauncey Goodrich 목사가 파나마 주재 영사
를 통해 여러 종류의 감자 괴경들을 도입하여 실험하였으나 대부
분은 너무 늦게 괴경이 형성되는 계통이었으나 그가 Rough
Purple Chili라 명명한 한 종류만은 괴경형성이 잘 되었다(Brown

1990). 이 괴경의 기원은 위도가 높아 장일 지역인 칠레일 것이라고 짐작된다(Hawkes 1979).

Goodrich는 종자를 받아 선발했을 것으로 짐작된다. 2대 자손 중에서 Early Rose를 선발하였고 이것이 그 후 많은 육종사업에서 재료로 이용되었다. 현재 미국에서 가장 많이 재배되고 프렌치프라이용으로 이용되고 있는 Russet Burbank는 100% Rough Purple Chille의 자손이고 대부분의 재배종들에 이의 혈통이 포함되어 있다(Brown 1090). Grun(1979)은 초기에 유럽으로 도입된 안데스 근원의 Andigena의 세포질이 오랜 동안 이 한 품종을 이용한 육종방법으로 인해 칠레 형의 세포질로 바뀌었다고 주장한다.

1925년부터 Bukasov가 처음으로 감자관련 야생종과 기원지에서의 재배종의 분포를 조사 연구하기 시작하였고, 그 후 Hawkes를 비롯한 여러 학자들에 의해 야생종들의 분류와 관련 형질의 특성이 연구되었다. 거의 모든 병과 해충에 대한 저항성을 갖는 종들도 규명되어 이들을 이용한 반복 교배로 야생종의 저항성 특성을 재배종으로 도입할 수도 있었다. 예를 들면 역병저항성은 *S. demissum*에서 도입되었고, 피낭선충 저항성은 *S. spegazzinii*와 *S. vernii*에서 도입할 수 있었고, 감자 바이러스 Y와 X는 *S. stoloniferum*과 *S. acaule*에서 도입할 수 있었다. 현재 재배되고 있는 미국과 유럽의 품종에는 이 외에도 여러 야생종들의 형질이 포함되어 있다(Burton 1966).

새로운 종의 유전자를 도입하기 위한 육종은 많은 성과를 보았으나, 교배 불화합성의 문제점, 여러 세대의 장기간의 육종과 선

발의 문제점 등 어려운 점이 많았다. 최근에는 DNA 재조합기술
이 도입되어 야생종을 이용한 육종에 새로운 박차를 가하게 되었
다. 이에 대한 것은 3장에 설명되어 있다.

(2) 야생종 유전자의 이용 현황

오랫동안 재배되어온 재배종만으로는 감자의 육종이 한계에 도달
했고, 근연야생종 중에 많은 이로운 유전자들이 존재하므로 이들
근연야생종의 유용 유전자를 재배품종으로 이전시키는 것은 앞으
로의 감자육종에 대단히 중요한 과제이다. 이러한 야생종과 재배
종의 염색체 간의 재조합은 유전자 전이에 지대한 영향을 준다.
종간 잡종에서 세포학적으로 관찰된 감수분열기의 염색체 대합이
반드시 재조합을 의미하지는 않으나 이를 관찰하여 어느 정도 재
조합 가능성 여부를 부분적으로 판단할 수 있기도 하다. 종과 종
간의 분자표지를 이용하여 다른 종들의 염색체 간의 재조합이 있
음을 증명한 실험이 다수 발표되었다(Williams 등 1993, McGrath
등 1994, Yamada 등 1998).

역병

감자에 가장 큰 영향을 주는 병은 *Phytophthore infestans*의 난
균(oomycete)에 의해 감염되는 역병(late blight)이다. 재배감자의
역병저항성은 주로 *Solanum demissume*과 *S. stoloniferum*을
이용하여 육성되었고, *S. papita*, *S. polytrichon*, *S.*

*verrucosume*과 *S. bulbocastanum*도 육성을 위한 여교잡에 이용되기도 하였다(Sweizynski와 Zimnoch-Guzowska 2001). *Solanum*의 역병저항성에는 포장저항성(general, horizontal, non-race specific resistance)과 계통특이저항성 두 종류가 있는 것으로 알려졌다. Race 특이저항성은 우성유전자(R-gene)에 의해 조절되며, 오랫동안의 연구로 11개의 역병저항성 유전자가 규명되었고 *S. demissum* (2n=6x=72)으로부터 감자에 이전되었다(Umaerus와 Umaerus 1994). 근래에 와서는 본래의 역병균의 기원지인 멕시코에만 한정되어 있던 A2 교배형인 *P. infestans* 군집이 세계 여러 곳에서 발생하여 육종에 어려움을 겪고 있다. 악성 병원성 유전자의 빈도가 증가할 뿐만 아니라 A2 교배형의 증가로 내구력이 강한 새로운 저항성원을 찾는 것이 최근의 역병저항성 육종의 과제이다. 규명된 대부분의 저항성 유전자들은 race 특이적 유전자이다. 감자의 역병에 대한 포장저항성은 균의 침입, 증식, 홀씨형성을 억제하는 다른 기작에 의해 저항성이 이루어지며 유전자원을 이용한 교배에 의해 *Solanum*종에 유입되기도 하였다(Umaerus와 Umaerus 1994).

역병에 저항성인 계통으로 선발된 *S. pinnatisectum*과 2배체 *S. tuberosum*의 세포융합체의 역병저항성은 융합체에 따라 차이가 있었으나 어느 것도 *pinnatisectum*의 저항성 정도에는 미치지 못하였다. 이 융합체들은 4배체와 교배가 되지 않았다. 이는 1EBN의 *pinnatisectum*과 2EBN의 2*x tuberosum* 융합체는 3EBN인 데 반해 4배체 *S. tuberosum*은 4EBN이므로 EBN의 차이 때문이라고 해석하고 있다(Thieme 등 1997). *S. tuberosum*과 교배되어 후대 자손을 생산하는 것이 감자육종을 위해서는 필수 적이다.

S. pinnatisectum(1EBN) × *S. bulbocastanum*(1EBN)의 교배 자손 중 역병저항성으로 선발된 계통과 3배체의 *S. tuberosum* (3EBN)을 세포융합한 융합체(4EBN)들의 역병저항성은 다양하였 으며 융합양친의 평균에 미치지 못하는 것들도 많았다. 이들은 5 배체(2n=5x=60)임에도 *S. tuberosum*과 교배되어 자손을 생산할 수 있어 선발의 가능성을 보여주었다. 종간 세포융합으로 역병저 항성이 전달된 예도 발표되고 있다. *S. tuberosum+S. circaefolium* (Mattheij 등 1992)과 *S. tuberosum+S. brevidens*(Helgeson 등 1986)의 세포융합체에서 역병저항성을 선발할 수 있었다. *S. bulbocastanum*을 이용한 세포융합에 대하여는 아래에 자세히 설명되어 있다.

*S. nigrum*은 역병에 대해 고도의 비기주형 저항성을 나타내며, *S. tuberosum*과 교배하여 배 추출배양으로 획득한 잡종이 불임이 기는 하나 잡종에서 강한 우성으로 추정되는 저항성이 있는 것으 로 판단되었다(Colon 등 1993). *S. nigrum*과 2배체 *S. tuberosum* 의 세포융합 잡종들이 병원성이 강한 역병 분리체, US8과 MP322 에 *S. nugrum*과 같거나 더 강한 저항성을 나타내었다(Zimnoch- Guzowska 등 2003).

*S. bulbocastanum*은 역병이 만연하는 멕시코의 톨루카에서 행한 시험재배에서도 강한 종으로 판명되었다. 그러나 *S.*

*bulbocastanum*은 2배체이며 1EBN(Hanneman과 Bamberg 1986)으로 감자와 교배가 대단히 어려운 종이므로 bridge cross 를 이용하여 제한적으로 교배가 되긴 하였으나(Hermsen과 Ranmana 1973), 불친화성으로 인하여 계속적인 육종이 쉽지가 않았다. 알려진 모든 *P. infestans*의 race에 저항성인 2배체 야생종 *Solanum bulbocastanum* 중에서 고도의 저항성으로 선발된 계통과 4배체 감자를 세포융합하여 6배체 잡종들을 획득하였다. 이 잡종들을 역병에 저항성을 나타냈으며, 이 융합잡종들은 재배감자 품종과 여교잡하였고 세 종류의 다른 여교잡 2세대(BC₂) 집단을 분석하여 역병저항성과 연관된 RAPD와 RFLP 표지를 찾을 수 있었다(Helgeson 등 1998, Naess 등 2000).

 *S. bulbocastanum*으로 개발된 BAC library를 구성하였고. 이를 이용하여 *S. bulbocastanum*의 8번 염색체 위의 두 RFLP 표지사이에 저항성 유전자 *RB*가 위치한다는 것을 밝혔다(Dong 등 2000, Naess 등 2001, Song 등 2000). 꾸준한 BAC walking과 유전지도 작성기법을 이용하여 *RB* 유전자를 갖는 BAC library가 구성되었다(Song 등 2003에서 인용). 그들은 유전자지도와 LR(long range)-PCR방법을 조합하여 *RB* 유전자를 클론닝하였는데, CC-NBS-LRR(coiled coil-nucleotide binding site-Leu-rich repeat)의 4개의 저항성유전자 집단(cluster)이 *RB* 부위에 유전적으로 mapping되었다. 이들 4개의 유전자 중 하나를 포함한 형질전환 식물체(품종 카타딘)는 역병에 광범위한 저항성을 나타내었다. 이 재료는 앞으로 역병저항성 육종에 매우 중요한 자료가 될 수 있을

것이다(Song 등 2003).

무름병

무름병은 *Erwinia carotovora*에 의해 생기는 병으로 현재까지는 저항성 감자의 육종에 큰 성과를 보지 못하였다. 고도의 저항성은 희귀한 유전자원에서만 발견된다. Zimnoch-Guzowska 등(2000)에 의하면 무름병 저항성은 복잡한 유전양상을 보이며 여러개의 유전자가 12개 염색체에 흩어져 존재한다고 한다. 그러므로 이 병에 대한 저항성육종이 어려운 것이다. 괴경을 형성하지 않는 2배체 야생종 *Solanum brevidens*에 이 병에 대한 저항성 유전자와 더불어 하역병에도 저항성이 있다는 것을 발견하고 *S. tuberosum+S. brevidens*의 세포융합 잡종과 자손으로부터 육종재료가 개발되었다(Austin 등 1986, 1988, Helgeson 등 1985, 1993). 그 중 한 계통(C75-5+297)은 이 두 병에 강한 저항성을 보였으며, 분자적, 세포유전학적 방법을 이용하여 이 계통에서는 감자의 8번 염색체가 *S. brevidens*의 8번 염색체로 대체되었다는 것을 규명하였다. 이 결과는 한 염색체의 치환에 의해 감자에서 여러 가지 병의 저항성을 이전할 수 있다는 것을 보여준다(Ahmet 등 2004).

Colorado Potato Beetle(CPB)

*Solanum chacoense*는 CPB 저항성 유전자를 제공할 수 있는 근연종 중의 하나이다. *S. chacoense*가 저항성을 가질 수 있는

주 성분은 solanine과 chaconine의 아세틸화 유도체이다. 또한 잎에 leptine의 함량이 많은 것이 CPB에 저항성으로 나타났으며, *S. chacoense*의 leptine 함량을 유전적으로 분석한 결과 대부분에서 단일 열성유전자에 좌우된다는 것을 알았고 *S. chcoense*와 *S. tuberosum* 간의 교배, 여교배로 육종이 시도되기도 하였다 (Sanford 등. 1996, 1998).

leptine은 leptinine의 hydroxylated 유도체로 leptinine 또한 단일 유전자에 의해 좌우되는 것으로 발표되었다(Hutvágner 등 2001.).

근류선충(Root Knot Nematode, RKN)

근류선충(RKN)은 *Meloidogyne chitwoodi*와 *M. fallax*에 의해 발생한다. 중남미지역의 *Solanum*종인 *S. fendleri*, *S. stoloniferum*, *S. hougasii*에 고도의 저항성이 있는 것으로 보고 되었다(Janssen 등 1996). *S. fendleri*와 *S. stoloniferum*은 4배체 (2n=4x=48)이나 2EBN이고 *S. hougasii*는 4EBN이나 6배체(2n=6 x=48)이다(Bamberg 등 1996). 같은 EBN 수를 갖는 종간의 교배에 서만 정상적으로 배유가 발달하므로 4배체이며 4EBN인 *S. tuberosum* 재배종과는 교배가 어렵다. 그러나 드물게 2EBN의 *S. stoloniferum*과 4EBN의 *S. tuberosums* 간의 교배가 이루어 지기도 하였고, 혹은 배구출(胚救出, embryo rescue)법을 이용하여 4배체 잡종을 획득하기도 하였다(Singsit와 Hanneman 1991). Janssen 등(1997)은 4배체(4EBN) 혹은 2배체(2EBN) *S. tuberosum*

을 *S. stoloniferum, S. fendleri, S. hougasii*와 상호교배를 하고
미성숙 종자를 배양하여 다양한 배수체($3x, 4x, 5x, 6x$)의 F_1 잡
종을 획득할 수 있었다. 저항성 잡종을 *S. tuberosum*에 여교배하
여 4배체와 5배체의 자손을 얻을 수 있었다. 여교배자손들은 저
항성과 감수성으로 분리하였으나 *S. fendleri*를 친으로 사용하여
얻은 여교배 자손 중 2계통은 모두 저항성으로 판명되었다. 이와
같이 EBN수가 다를지라도 약간의 잡종을 얻을 가능성이 있으므
로 재배종과 다른 EBN의 야생종을 교배하여 저항성 유전자를 재
배종으로 이입(introgression)할 수 있다.

감자 피낭선충(potato cyst nematodes PCN)

PCN은 세계적으로 감자에 많은 피해를 주나 특히 북유럽에 만연
하며, 남미에서 감자 유전자원의 도입으로 유럽에 퍼졌다고 한다.
감자에 큰 위협이 되는 PCN종은 *Globodera rostochiensis*와 *G. pallida*이다.

　PCN에 대한 효과적 방제는 저항성품종을 재배하는 것이다. 12
종류의 PCN 저항성 유전자좌가 염색체 III, IV, V, VII, IX, X,
XI, XII에 있다고 보고되었다(Gebhardt와 Valkonen 2001). 그중
*Gro1.4, Gpa4, Gpa, Gpa5, Grp1, Gpa6, Gro1.2*와 *Gro1.3*의
8개의 저항성 형질은 부분 저항성인 데 반해, *H1, GroVI, Gro1*
과 *Gpa2 sp* 저항성은 하나 혹은 그 이상의 pathotype(병원형)에
절대적인 저항성을 보유하고 있다. 그리고 분자수준에서 *H1,
Gpa2*와 *Gro1*의 특성이 확인되었다(Bakker 등 2003, 2004).

*H1*은 1952년에 *S. tuberosum* ssp. *andigena*에서 발견된 후 많은 재배종에 이입되어 가장 내구성이 강한 유전자로 알려져 왔다(Evans 1993). *H1*에 의한 저항성은 선충의 침입자리가 세포의 괴사로 인해 감싸여 1주 안에 퇴화된다(Rice 등 1985). 피낭선충의 성은 섭식자리에서 섭식 양에 따라 후천적으로 결정되므로 *H1* 저항성 식물에서는 섭식의 부족으로 인해 제한된 수만이 수컷으로 발달하게 된다(Trudgill 1967). *H1*은 염색체 V의 장완에 위치하며 RFLP 표지 CP113과 CD78에 가까이 연관되어 있다(Gebhardt 등 1993, Pineda 등. 1993). 이 유전자는 Bakker 등(2004)이 AFLP 표지에 의해 좀 더 자세히 mapping 하였다.

S. tuberosum ssp. *andigena* 계통에서 이입된 *H1* 유전자는 *G. rostochiensis*에 대한 주 저항성 유전자이다. 이 저항성 유전자가 이입된 재배종의 재배로 *G. rostochiensis*의 군집은 줄었으나 그 결과 *G. pallida*의 군집은 증가하였다. *G. pallida*는 매우 다양하여 재배종으로 저항성의 이입이 어려운 상태이다. 몇 종류의 저항성원이 밝혀졌고 그 중 *H2*는 *Solanum multidissectum*, *S. tuberosum* ssp *andigena*와 *S. vernei*에서 유래되었고 *G. pallida* pathotype, Pa1에 저항성이다. *Gpa2*는 pathotype Pa2에 저항성이고 선충뿐 아니라 바이러스에까지 저항성을 나타내는 저항성 유전자 집합체인 것으로 발표되었다(Kanyuka 등 1999). 반면에 *S. vernei*에서 유도된 저항성은 매우 복잡하여 재배종으로의 이입이 힘든 것으로 알려졌다(Brasdshaw 등 1995). 그러나 Bryan 등(2002)은 *S. vernei*에서 유도된 감자피낭선충 저항성에

대해 분리하는 2배체와 4배체 집단을 분석하였다. 4배체 집단에서 bulk segregant analysis(BSA)를 하여 PCN 저항성과 QTL과 연관된 AFLP 표지를 감자의 연관 그룹 V에 있다고 규명하였다. 그 중 한 AFLP 표지는 *S. vernei*의 DNA조각에서 온 것으로 확인되기도 하였다.

그동안 여러 연구자에 의해 수행되어온 야생종을 이용한 육종의 양은 매우 방대하고 결과도 많으나 여기서는 그 중의 극히 일부만을 기술할 수밖에 없음을 저자의 부족함으로 알고 독자들의 많은 이해를 구한다.

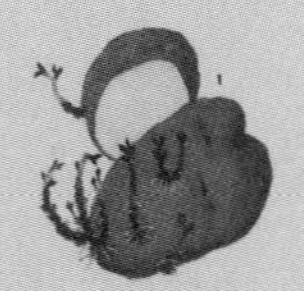

인용문헌

Abdalla MMF, Hermsen JG Th (1971) A two-loci system of gametophytic incompatibility in *Solanum phureja* and *S. stenotomum*. Euphytica 20:345-350.

Abdalla MMF, Hermsen JG Th (1972) Plasmons and male sterility types in *Solanum verrucosum* and its interspecific hybrid derivatives. Euphytica 21:209-220.

Ahmet LT, Stevenson WR, Helgeson JP and Jiang J (2004) Transfer of tuber soft rot and early blight resistances from *Solanum brevidens* into cultivated potato. Theor Appl Genet 109:249-254

Austin S, Ehlenfeldt MK, Baer Ma, Helgeson JP (1986) Somatic hybrids produced by protoplast fusion between *Solanum tuberosum* and *Solanum brevidens*: phenotypic variation under field conditions. Theor Appl Genet 71:682-690

Austin S, Lojkowska E, Ehlenfeldt MK, Kelman A, Helgeson JP (1988) Fertile: nterspecific somatic hybrids of *Solanum*: a novel source of resistance to *Erwinia* soft rot. Phytopathology 78:1216-1220

Bain GS. Howard HW (1950) Haploid plants of *S. demissum*. Nature 166:795

Bakker E, Achenbach Ute, Bakker J, Vlier J vaa, Peleman J, Segers G, Heijden S van der, Linde Pvam der, Gravelane R, Hutten R, Eck Hvan, Coppoolse E, Vossen E van der, Bakker J, Goverse A (2004) A high resolution map of the H1 locus harbouring resistance to the potato cyst nematode *Globodera rostochiensis*. Theor Appl Genet 109:146-152

Bakker E, Butterbach P, Van der Voort R, Vander Vossen E, Van Vliet J, Bakker J, Goverse A (2003) Genetic and physical mapping of homologues of the virus resistance gene *Rx1* and the cyst nematode resistance gene *Gpa2* in potato. Theor Appl Genet 106:1524-1531

Ballvora A, Ercolano MR, Weiss J, Meksem K, Bormann CA, Oberhagemann P, Salamini F, Gebhardt C (2002) The R1 gene for potato resistance to late blight (*phytophthora infestans*) belongs to the leucine zipper/Nbs/Lrr class of plant resistance genes. Plant J 30:361-371

Bamberg JB, Martin MW, Schartner JJ and Spooner DM (1996) Inventory of Tuber-Bearing *Sonanum* Species Catalog of Potato Germplasm-1996. Potato Introduction Station, NRSP-6 Sturgeon Bay, WI, U.S.A.

Baron A, Sebastiano A, Carputo D (1999) Chromosome pairing in *S. commersonii - S. tuberosum* sexual hybrids detected by *commersonii* specific RAPDs and cytological analysis. Genome 42:218-224.

Barone A, Li J, Sebastiano A, Cardi T, Frusciante L (2002) Evidence for tetrasomic inheritance in a tetraploid *Solanum commersonii* (+) *S. tuberosum* somatic hybrid through the use of molecular markers. Theor Appl Genet 104:539-546.`

Bastia T, Scotti N, Monti L, Earle ED, Cardi T (1998) Genetic and molecular analysis of male fertility and cytoplasmic DNA variation in interspecific *Solanum* spp. somatic hybrids. In: Altman A, Ziv M Izhara(Eds), Plant Biotechnology and *In vitro* Biology in the 21st Century, pp.105-108. Kluwer Academic Publishers, Dordrecht.

Bastia T, Carotenuto N, Basile B, Zoina A, Cardi T (2000) Induction of novel organelle DNA variation and transfer of resistance to forst and Verticillium wilt in *Solanum tuberosum* through somatic hybridization with 1EBN *S. commersonii*

Bendahmane A Kanyuka K, Baulcombe DC (2000) High resolution genetical and physical mapping of the *Rx* gene for extreme resistance to potato virus X in tetraploid potato. Theor Appl Genet 95:153-162

Bendahmane A, Querci M, Kanyuka K, Baulcombe DC (2000) Agrobacterium transient expression system as a tool for the isolation of disease resistance genes: application to the *Rx2* locus in potato . Plant J 21:73-81

Bhojwani SS, Bhatnagar SP (1978) The Embryology of Angiosperms. 3rd. ed.Vikas Publishing House PVT LTD. pp70

Bonierbale MW, Plaisted RL, Tanksley SD (1988) RFLP maps based on a common set of clones reveal modes of chromosomal evolution in potato and tomato. Genetics 120:1095-1103

Bradshaw JE (1994) Quantitiative genetics Theory for tetrasomic inheritance. In: Bradshaw JE, Mackay GR(eds) Potato Genetics. CAB Int. Wallingford, UK, pp71-99.

인용문헌

Bradshaw JE, Dale MFB, Phillips MS (1995) Breeding potatoes at SCRI for resistance to potato cyst nematodes. SCRI annu rep 6:30-34

Brown CR (1990) Modern evolution of the cultivated potato gene Pool. In: Vayda ME, Park WD.(eds) The Molecular and Cellular Biology of the Potato. CAB Int. Wallingford, UK. pp1-11.

Bryan GJ, McLean K, Bradshaw JE, De Jong WS, Phillips M, Castelli L, Waugh R (2002) Mapping QTLs for resistance to the cyst nematode *Globodera pallida* derived from the wild potato speces *Solanum vernei.* Theor Appl Genet 105:68-77

Burton. WG (1966) The Potato (A Survey of its History and of Factors Invluencing its Yield, Nutritive Value, Quality and Storage) 2nd ed. H. Veenman & Zonen N.V., Wageningen Holland pp382

Buso JA (1986) Evaluation of families and clones from the 4x-2x breeding scheme in potato. PhD thesis, University of Wisconsin, Madison, Wis., USA(quoted by Tai 1994)

Buso JA, Boiteux LS, Peloquin SJ (1999a) Evaluation under long-day conditions of 4x-2x progenies from crosses between potato cultivars and haploid Tuberosum-*Solanum chacoense* hybrids. Ann. Appl. Biol. 135:35-40

Buso JA, Boiteux LS, Tai GCC, Peloquin SJ (1999b) Chromosome regions between centromeres and proximal crossovers are the physical sites of major effect loci for yield in potato: Genetic analysis employing meiotic mutants. Proc. Natl Acad Sci 96:1773-1778.

Buso JA, Reifschneider FJB, Boiteux LS, Peloquin SJ (1999c), Effects of 2n-pollen formation by first meiotic division restitution with and without crossover on eight quantitative traits in $4x$-$2x$ potato progenies. Theor Appl Genet 98: 1311-1319.

Buso JA, Boiteux LS, Peloquin SJ (2000) Heterotic effects for yield and tuber solids and type of gene action for five traits in 4x potato families derived from interploid ($4x$-$2x$) crosses. Plant Breeding 119:111-117.

Camadro EL, Peloquin SJ (1980) The occurrence and frequency of 2n pollen in three diploid *Solanums* from northwest Argentina. Thero Appl Genet 56:11-15

Cappadocia M, Cheng DSK, Ludlum R (1984) Plant regeneration from *in vitro* cultures of anthers of *Solanum chacoense* Bitt. and interspecific diploid hybrids *S. tuberosum* × *S. chacoense* Bitt. Theor Appl Genet 69:139-143

Cappadocia M, Cheng DSK, Ludlum-Simonette R (1986) Self-compatibility in doubled haploids and their F_1 hybrids, regenerated via anther culture in self-incompatible *Solanum chacoense* Bitt. Theor Appl Genet 72:66-69.

Carputo D, Barone A, Cardi T, Sebastiano A, Frusciante L, Peloquin SJ (1997) Endosperm Balance Number manipulation for direct in vivo germplasm introgression to potato from a sexually isolated relative (*Solanum commersonii* Dun.). Proc Natl Acad Sci USA 94:12013-12017.

Carroll CP (1975) The inheritance and expression of sterility in hybrids of dihaploid and cultivated potatoes. Genetica 45:149-162.

Cassells AC, Deadman ML, Brown CA, Griffin E (1991) Field resistance to late blight (*Phytophthora infestans* (Mont.) De Bary) in potato (*Solanum tuberosum* L.) somaclones associated with instability and pleiotropic effects. Euphytica 56:75-80.

Cho HM, Kim-Lee HY, Mok IG (1993) Induction of haploids through parthenogenesis in potato III. selection of haploids by pigment markers on seed and plant. Kor J Breeding 25:1-11

Cipar MS, Peloquin SJ and Hougas RW (1964a) Inheritance of incompatibility in hybrids between *Solanum tuberosum* haploids and diploid species. Euphytica 13:163-172.

Cipar MS, Peloquin SJ and Hougas RW (1964b) Variability in the expression of self-incompatibility in tuber-bearing diploid *Solanum* species. Amer Potato J 41:155-162.

Cipar MS, Peloquin SJ and Hougas RW (1967) Haploidy and the identification of self-incomatibility alleles in cultivated potato Groups. Can J Genet Cyto 9:511-518.

Colon LT, Eijlander R, Budding DJ, Van Ijzendoorn MT, Peiters MMJ, Hoogendoorn J (1993) Resistance to potato late blight(*Phytophthora infestans*/Mont./de Bary) in *Solanum nigrum*, *S. villosum* and their sexual hybrids with *S. tuberosum* and *S. demissum*. Euphytica 66:55-64.

De Jong H and Rowe PR (1971) Inbreeding in cultivated diploid potatoes. Potato Research 14:74-83.

De Jong H, Tai GCC, Russell WA, Johnston GR, Proudfoot KG (1981) Yield potential and genotype-environment interactions of tetraploid-diploid ($4x$-$2x$) potato hybrids. Am Potato J. 58:191-199.

Dodd KS, Paxman GJ (1962) The genetic system of cultivated diploid potatoes. Evolution 16:154-167.

Dong F, Novy RG, Helgeson JP, Jiang J (1999) Cytological characterization of potato- *Solanum etuberosum* somatic hybrids and their backcross progenies by genomic *in situ* hybridization. Genome 42:987-992.

Dong F, Song J, Naess SK, Helgeson JP, Gebhardt C and Jiang J (2000) Development and applications of a set of chromosome-specific cytogenetic DNA markers in potato. Theor Appl Genet 101:1001-1007.

Dong F, McGrath JM, Helgeson JP, Jiang J (2001) The genetic identity of alien chromosomes in potato breeding lines revealed by sequential GISH and FISH analyses using chromosome-specific; cytogenetic DNA markers. Genome 44:729-734.

Dvořak J (1983) Evidence for genetic supression of heterogenetic chromosome pairing in polyploid species of *Solanum*, sect. Petota. Can J Genet Cytol 25:530-539.

Ehlenfeldt MK, Hanneman RE Jr (1988a) Genetic control of Endosperm Balance Number (EBN): three additive loci in a threshod-like system. Theor Appl Genet 75:825-832.

Ehlenfeldt MK, Hanneman RE Jr (1988b) The transfer of the synaptic gene (sy-2) from 1EBN *Solanum commersonii* Dun. to 2 EBN germplasm. Euphytica 37:181-187.

Evans K (1993) New approaches for potato cyst nematode management. Nematropica 23:221-231.

Everhart ER, Rowe PR (1974) Dosomic inheritance of anthocyanins and flavalol glycosides in the tetraploid tuber-bearing species *Solanum stoloniferum*. Am.potato J. 51:287-294

Flewelling HS (1987) Use of haploid Tuberosum-wild *Solanum* species F₁ hybrids to study the relationship between the cultivated and wild potatoes and to analyze the genetic control of tuber dormancy. Unpublished MS thesis, University of Wisconsin-Madison.(quoted in Ortiz and Peloquin 1994)

Fish N, Karp A (1986) Improvement in regeneration from protoplast of potato and studies on chromosome stability. 1. The effect of initial culture medium. Theor Appl Genet:72:405-412.

Fuchs J, Kloos DU, Ganal MW and Schubert I (1996) *In situ* localization of yeast artificial chromosome sequences on tomato and potato metaphase chromosomes. Chromosome Res. 4:277-281.

Gebhardt C, Ritter E, Barone A, Cebener T, Walkemeier B, Schachtschabel U, Kaufmann H, Thompson RD, Bonierbale MW, Gana MW, Tanksley SD, Salamini F (1991) RFLP maps of potato and their alignment with the homoeologous tomato genome. Theor Appl Genet 83: 49-57.

Gebhardt C, Ritter E and Salamini F (1994) RFLP map of the potato In: Phillips RL, Vasil Ik (eds) DNA -based markers in plants. Kluwer Academic Publishers, Dordrecht Boston Londen, pp271-285.

Gebhardt C, Ritter E and Salamini F (2000) RFLP map of the potato. In DNA-based Markers in Plants. 2nd ed. Edited by Philips RL and Vasil, Ik, Kluwer Academic Publishers. Cordrecht, The Netherlands(quoted by Song 2000).

Gebhardt C, Valkonen JPT (2001). Organizaion of genes controlling disease resistance in the potato genome. Annu Rev Phytopathol 39:79-102.

Gressel J, Cohen N, Binding H (1984) Somatic hybridization of an atrazine-resistant biotype of *Solanum nigrum* with *Solanum tuberosum*. 2. Segregation of plastomes. Theor Appl Genet 67:131-134.

Grun P (1970) Cytoplasmic sterilities that separate the cultivated potato from its putative diploid ancestors. Evolution 750-758.

Grun P (1979) Evolution of the cultivated potato: a cytoplasmic analysis, pp655-665. In: The biology and taxanomy of the *Solanaceae*, Eds., J. G. Hawkes, R, N. Lester, and A.D. Skelding. Academic Press, London

738pp. (quoted by Brown 1990)

Grun P (1990) The evolution of cultivated potatoes. Economic Botany 44(Suppl):39-55

Grun P Aubertin M (1966) The inheritance and expression of unilateral incompatibility in *Solanum*. Heredity 21:131-138.

Grun P, Aubertin M, Radlow A (1962) Multiple diffentiation of plasmons of diploid species of *Solanum*. Genetics 47: 1321-1333.

G. Hutvágner, Z. Bánfalvi, I. Milánkovics, D. Dilhavy, Z. Polgár, S. Horváth, P. Wolters, J.-P. Nap (2001) Molecular markers associated with leptinine production are located on chromosome 1 in *Solanum chacoense*. Theor Appl Genet 102:1065-1071.

Haberlach GT, Cohen B, Reichert N, Baer M, Towill L, Helgeson JP. (1985) Isolation, culture and regeneration of protoplast for potato and several related *Solanum* species. Plant Sci 39:67-74.

Hanneman RE Jr, Bamberg JB (1986) Inventory of tuber-bearing *Solanum* species. Wis. Agric Exp Stn Bull 533.

Hanneman RE Jr, Peloquin SJ (1981) Genetic-cytoplasmic male strility in progeney of $4x$-$2x$ crosses in cultivated potatoes. Theor Appl Genet 59:53-55.

Harborne JB (1962) Plant polyphenol. 6. The flavonol glycosides of wild and cutivated potatoes. Biochem J 84:100-106.

Hawkes JG (1958) Significance of wild species and primitive forms for potato breeding. Euphytica 7:257-270.

Hawkes JG (1962) Introgression in certain wild potato species. Euphytica 11:26-35.

Hawkes JG (1978) Biosystematics of the potato In: Harris PM(ed) The potato Crop. Chapman and Hall, London, UK, pp15-69.

Hawkes JG (1979) Evolution and polypoidy in potato species. In: The biology and taxonomy of the Solanaceae(ed. by Hawkes JG). Linnean Soc. Symp. Ser. 7:637-646.

Hawkes JG (1990) The potato: Evolution, Biodiversity and Genetic Resources. Smithsonian Institute Press. Washington, DC. 259p (Wilkinson 1994에서 인용)

Hawkes JG (1994) Origins of cultivated potatoes and species relationships. In: Bradshaw JE, Mackay GR(eds) Potato Genetics. CAB Int. Wallingford, UK, pp3-42.

Hawkes JG, Jackson MT (1992) Taxonomic and evolutionary implications of the endosperm balance number hypothesis in potatoes. Theor Appl. Genet 84:180-185.

Haynes FL Jr (1964) Pachytene chromosomes of *Solanum canasense*. J Heredity 55:168-173.

Helgeson JP, Hunt GJ, Haberlach GT, Austin S (1986) Somatic hybrids between *Solanum brevidens* and *Solanum tuberosum*: Expression of late blight resistance gene and potato leaf roll resistance. Plant cell Rep 5:212-214.

Helgeson JP, Hunt G, Haberlach GT, Ehlenfeldt MK, Hunt G Pohlman JD, Austin S (1993) Sexual progeny of somatic hybrids between potato and *Solanum brevidens*: potential for use in breeding programs. Am Potato J 70:437-452.

Helgeson JP, Pohlman JD. Austin S, Haberlack GT, Wielgus SM, Rosni D, Zambolim L, Tooley P, McGrath JM, James RV, Stevenson WR (1998) Somatic hybrids between *Solanum bulbocastanum* and potato: A new source of resistance to late blight. Theor Appl Genet 96:738-742.

Hermsen JG Th (1981) Mechanism and genetic implications of 2n gamete formation. Iowa State J Res. 58:421-434.

Hermsen JG Th, Ranmana MS (1973) Double-bridge hybrids of *Solanum bulbocastanum* and cultivars of *Solanum tuberosum*. Euphytica 22:557-566.

Hermsen JG Th, Sawicka EWA (1979) Incompatibility and incongruity in tuber-bearing *Solanum* species. Biology and Taxonumy of the Solanaceae, in Linnean Society Symp Series N0. 7, pp445-454.

Hermsen JGTh, Wagenvoort M and Ramanna MS (1970) Aneuploids from natural and colchicine induced autotetraploids of *Solanum*. Can J Genet Cytol 12:601-613.

Hermundstad SA, Peloquin SJ (1985) Male fertility and 2n pollen production in haploid-wild species hybrids. Amer Potato J. 62:479-487.

인용문헌

Hougas RW, Peloquin SJ, Gabert AC (1964) Effect of seed parent and pollinator on frequency of haploids in *Solanum tuberosum*. Crop Sci 4:593-595.

Hunt GJ, Helgeson JP. (1989) A medium and simplified procedure for growing single cells from *Solanum* species. Plant Sci. 60: 251-257.

Iwanaga M (1984) Discovery of a Synaptic mutant in potato haploids and its usefulness for potato breeding. Theor Appl Genet 68: 87-93.

Iwanaga M, Peloquin SJ (1979) Synaptic mutant affecting only megasporogenesis in potatoes. J Hered 70:385-389.

Iwanaga M, Peloquin SJ (1982) Origin and evolution of cultivated tetraploid potatoes via 2n gametes. Theor Appl Genet 61:161-169.

Jackson MT, Rowe PR, Hawkes JG (1977) The nature of *Solanum chaucha* JUZ et Buk., a triploid cultivated potato of the South American Andes. Euphytica 26:775-783.

Jackson SA, Hanneman RE Jr (1999) Crossability between cultivated and wild tuber-and non-tuber-bearing *Solanum*. Euphytica 109:51-67.

Jacobsen E, Ramanna MS (1994) Production of monohaploids of *Solanum tubersum* L. and their use in genetics, molecular biology and breeding. In Bradshaw JE, Mackay GR(eds) Potato Genetics. CAB Int. Wallingford, UK, pp 155-170.

Jacobsen E, Ramanna MS, Huigen DM Sawor Z (1991) Introduction of an amylose-free (*amf*) mutant into breeding of cultivated potato, *Solanum tuberosum* L. Euphytica 53:247-253.

Jansky SH, Yerk GL, Peloquin SJ (1990) The use of potato haploids to put 2*x* wild species germplasm into a usable form. plant Breeding 104:290-294.

Janssen GJW, Norel A van, Verkek-Bakker B, Janssen R (1996) Resistance to *Meloidogyne chitwoodi, M. fallax, M. Hapla* in wild tuber-bearing *Solanum* spp. Euphytica 92:287-294.

Janssen GJW, Norel A van, Verkek-Bakker B, Janssen R, and Hoogendoorn J (1997) Introgression of resistance to root-knot nematodes from wild Central American *Solanum* species into *S. tuberosum* ssp. *tuberosum* . Theor Appl Genet 95:490-496.

Jiang J, Gill BS, Wang GL Ronal PC and Ward DC (1995) Metaphase and interphase fluorescence *in situ* hybridizaion mapping of the rice genome with bacterial artificial chromosomes Proc. Natl. Acad. Sci. USA. 92:4487-4491.

Johnson AAT, Piovano SM, Ravichandran V, Vielleux RE (2001) Selection of monoploids for protoplast fusion and generation of intermonoploid somatic hybrids of potato. Amer J Potato Res 78:19-29.

Johnston SA, Hanneman Jr RE (1980) Support of the Endosperm Balance Number hypothesis utilizing some tuber-bearing *Solanum* species. Am Potato J 57:7-14.

Johnston SA, Hanneman Jr RE (1982) Manipulations of the Endosperm Balance Number overcome crossing barriers between diploid *Solanum* species. Science 217:446-448.

Johnston SA, Hanneman Jr RE (1996) Genetic control of Endosperm Balance Number (EBN) in the Solanaceae based on trisomic and mutation analysis. Genome 39: 314-321.

Johnston SA, Ruhde RW, Ehlenfeldt MK, Hanneman RE Jr (1986) Inheritance and microsporogenesis of a synaptic mutant (sy-2) from *Solanum commersonii* Dun. Can J Genet Cytol 28:520-524.

Johnston SA, Nijs TPM den, Peloquin SJ, Hanneman RE Jr (1980) The significance of genic balance to endosperm development in interspecific crosses. Theor Appl Genet 56:293-297.

Jongedijk E, Ramanna MS, Sawor Z, Hermsen JGTh (1991) Formation of first division restitution (FDR) 2n-megaspores through pseudohomotypic division in *ds-1* (desynapsis) mutants of diploid potato: routine production of tetraploid progeny from $2x$ FDR $\times 2x$ FDR crosses. Thero Appl Genet 82:645-656.

Kanyuka K, Bendahmane A, Rouppe van der Voort J, Vossen EAG van der, Baulcombe DC (1999) Mapping of intra-locus duplications and introgressed DNA: aids to map-based cloning of genes from complex genomes illustrated by physical analysis of the *Rx* locus in tetraploid potato. Thoer Appl Genet 98:679-689.

Kemble RJ, Shepard JF (1984) Cytoplasmic DNA variation in a protoclonal population. Theor Appl Genet 69:211-216.

Kessel R, Lee Heiyoung K, Rowe PR (1975) Production of intraspecific aneuploids in the genus *Solanum*. III. intraspecific aneuploids. Euphytica 24:585-595.

Kim Heiyoung, Choi SU. Chae MS, Wielgus SM, Helgeson JP (1993) Identification of somatic hybrids produced by protoplast fusion between *Solanum commersonii* and *S. tuberosum* Haploid. Korean Soc Plant Tissue Culture 20:337-344.

Kim-Lee HY, Moon JS, Hong YJ and Kim MS Cho HM (2005) Bacterial wilt resistance in the progenies of the fusion hybrids between haploid of potato and *Solanum commersonii*. Am J Potato Res 82:129-137.

김영기 (1998) 감자의 문화적 조명 "감자가공산업의 현황과 벌전방향". 한·일 학술심포지움, 고령지농업시험장. 행정간행물 번호 31286-51857-77-9801.

Kumar A (1994) Somaclonal variation. In Bradshaw JE, Mackay GR(eds) Potato Genetics. CAB Int. Wallingford, UK, pp197-212.

Lam SL, Erickson HT (1968) Pachytene chromosomes of *Solanum chacoense*. J heredity 59:369-373.

Lam SL, Erickson HT (1970) A Di-isotrisomic of a diploid potato. J. Heredity 61:103-105.

Lam SL, Erickson HT (1971a) The nucleolar trisomic and trisomic transmission in a diploid potato. J Heredtiy 62:375-376.

Lam SL, Erickson HT (1971b). Location of a mutant gene causing albinism in a diploid potato. J Heredity 62:207-208.

Lapitan NLV, Brown SE, Kennard W, Stephens JL and Knudson D. (1997) FISH physical mapping with barley BAC clones . Plant J 11:149-156.

Leister D, Berger A, Thelen H, Lehmann W, Salamini F and Gebhardt C (1997) Construction of a potato YAC library and identification of clones linked to the disease resistance loci *R1* and *Gro1*. Theor Appl Genet 95:954-960.

Lee Heiyoung K, Hanneman RE (1976) Identification of the extra chromosomes in Giemsa stained somatic cells of pachytene identified trisomics of *Solanum chacoense*. Can J Genet Cytol 18:297-302.

Lee Heiyoung K, Kessel R, Rowe PR (1972) Multiple aneuploids from interspecific crosses in *Solanum*: fertility and cytoloty. Can J Genet Cytol 14:533-543.

Lee Heiyoung K, Rowe PR (1975a) Trisomics in *Solanum chacoense*: Fertility and cytology. Amer. J. Bot:62:593-601.

Lee Heiyoung K, Rowe PR (1975b) Genetic segregation of trisomics in *Solanum chacoense*. J. Heredity 66:131-136.

Lee Heiyoung K, Ruhde RW (1976) Genetic segregation of the deformed flower gene in trisomics of *solanum chacoense*. Euphytica 25:313-320.

McGrath JM, Wielgus SM, Uchytill TF, Kim-Lee H, Haberlach GT, Williams CE, Helgeson JP (1994) Recombination of *Solanum brevidense* chromosomes in the second backcross generation from a somatic hybrid with *S. tuberosum*. Theor Appl Genet 88:917-924.

McGrath JM, Wielgus SM, Helgeson JP (1996) Segregation and recombination of *Solanum brevidens* synteny groups in progeny of somatic hybrids with *S. tuberosum*: intragenomic equals or exceeds intergenomic recombinations. Genetics 142:1335-1348

Magoon ML, Hougas RW and Cooper DC (1958) Cytogenetic studies of South American diploid *Solanums*, section Tuberarium. Am. Potato J.35:375-394.

Marks GE (1968) Structural hybridity in a tuberous *Solanum* hybrid. Can J Genet Cytol 10:18-23.

Marks GE (1969) The pachytene chromsomes of *Solanum clarum*. Caryologia 22:161-168.

Masson MF (1985) Mapping combining abilities, heritabilities and heterosis with $4x \times 2x$ crosses in potato. PhD thesis, University of Wisconsin, Madison, Wis., USA (quoted by Buso et al. 1999)

Masuelli RW & Camadro EL (1997). Crossability relationships among wild potato species with different ploidies and Endosperm Balence Numbers(EBN). Euphytica 94:227-235.

Mattheij WM, Eijlander R, Koning JRA, Louwes KM (1992) Interspecific hybridization between the cultivated potato *solanum tuberosum* subspecies *tuberosum* L. and the wild species *S. circaeifolium* subsp.

circaeifoliom Better exhibiting resistanc to *Phytophthora infestans*(Mont.) de Bary and *Globodera pallida*(Stone) Behrens. Thoer Appl. Genet 83:459-466

Matsubayashi M (1979) Genetic variation in dihaplooid potato clones, with special reference to phenotypic segregation in some characters. Sci Rep Faculty of Agr Kobe Univ 16:1-9.

Matsubayashi M (1991) Phylogenetic relationships in the potato and its related species. In: Tsuchiya T and Gupta PK (eds) Chromosome Engineering in Plants: Genetics, Breeding and Evolution Part B. Elsevier, Amsterdam pp.93-118.(quoted by Hawkes 1994.)

Mendiburu AO, Peloquin SJ (1979) Gene-centromere mapping by $4x-2x$ matings in potato. Theor Appl Genet 54:177-180.

Mok DWS, Lee Heiyoung K and Peloquin SJ (1974) Identification of potato chromosomes with giemsa. Amer. Potato J. 51:337-341.

Mok DWS, Peloquin SJ (1975a) Three mechanisms of 2n pollen formation in diploid potatoes. Can J Genet Cytol 17:217-225.

Mok DWS, Peloquin SJ (1975b) Breeding value of 2n pollen (diplandroids) in tetraploid diploid crosses in potatoes Theor Appl Genet 46:307-314.

Naess SK, Bradeen JM, Wielgus SM, Haberlach GT, McGrath JM, Helgeson JP (2000) Resistance to late blight in *Solanum bulbocastanum* is mapped to chromosome 8. Theor Appl Genet 101:697-704.

Nijs TPN den, Peloquin SJ (1977) 2n gametes in potato species and thier function in sexual polyploidization. Euphytica 26:585-600.

Novy RG. (1992) Characterization of somatic hybrids between *Solanum etuberosum* and diploid, tuber-bearing *Solanum* clones. Ph.D. thesis Univ. of Wisconsin.

Novy RG, Helgeson JP (1994a) Somatic hybrids between *Solanum etuberosum* and diploid, tuber bearing *Solanum* clones. Theor Appl Genet 89: 775-782.

Okwuagwu CO, Peloquin SJ (1981) A method of transferring the intact parental genotype to the offfspring via meiotic mutants. Am Potato J 58:512-513.

Ortiz R and Peloquin SJ (1994) Use of 24-chromosome potato(diploids and dihaploids) for genetical analysis. In: Bradshaw JE, Mackay GR(eds) Potato Genetics. CAB Int. Wallingford, UK, pp133-154.

Palta JP, Chen HH, Li HP (1981) Relationship between heat and frost resistance of tuber-bearing *Solanum* species: effect of cold acclimation on heat resistance Bot. Gaz 142:311-315.

Pandey KK (1962) Interspecific incompatibility in *Solanum* species. Amer. Jour. Bot. 49:874-882.

Pehu E, Karp A, Moore K, Steele S, Dunckley R, Jones JGK (1989) Molecular cytogenetic and morphological characterization of somatic hybrids of dihaploid *Solanum tuberosum* and diploid *S. brevidens*. Theor Appl Genet 78:696-704.

Peloquin SJ (1982) Meiotic mutatants in potato breeding. Stadler Genet. Symp. 14:99-109.

Peloquin SJ (1986) Chromosome engineering with meiotic mutants. Biotechology and Ecology of Pollen. Springer Verlag pp47-52

Peloquin SJ, Boiteux LS, Carputo D (1999) Meiotic mutants in potato: Valuable variants. Genetics 153:1493-1499. (Perspectives, Anecdotal, Historical and Critical Commentaries on Genetics ed. Crow JF, Dove WF)

Peloquin SJ, Yerk GL, Werner JE & Darmo E. (1989) Potato breeding with haploids and 2n gametes. Genome. 31:1000-1004

Perez F, Menendez A, Dehal P, and Quiros CF (1999) Genomic structural differentiation in *Solanum*: comparative mapping of A- and E-genomes

Pijnacker LP, Ferwarda MA (1984) Giemsa C-banding of potato chromosomes. Can J Genet Cytol 26:514-519.

Pijnacker LP, Hermelink JHM, Ferwarda MA (1986a) Variablity of DNA content and karyotype in cell cultures of an inter-dihaploid *Solanum tuberosum*. Plant Cell Report 5:43-46.

Pijnacker LP, Hermelink JHM, Ferwarda MA (1986b) Behaviour of chromosomes in potato leaf tissue cultured *in vitro* as studied by Brd C-Giemsa labelling. Theor Appl Genet 72:833-839.

인용문헌

Pineda-Colorado R (1990) Quantitative and genetic analysis in *Solanum chacoense* Bitt. using inbred lines. Unpublished PhD thesis. University of Wisconsin-Madison.(quoted by Ortiz and Peloquin 1994)

Pineda O, Bonierbale MW, Plaisted RL (1993) Identification of RFLP markers linked to the *H1* gene conferring resistance to the potato cyst nematode *Globodera rostochiensis.* Genome 36:152-156.

Polgar Z, Wielgus SM, Horvath S. Helgeson JP (1999) DNA analyssi of potato + *Solanum brevidens* somatic hybrid lines. Euphytica 105:103-107.

Quinn AA, Mok DWS and Peloquin SJ (1974) Distribution and significance of diplandroids among the diploid *Solanums.* Am Potato J. 51:16-21.

Ramanna MS (1974) The origin of unreduced microspores due to aberrant cytokinesis in the meiocytes of potato and its genetic significance. Euphytica 23:20-30.

Ramanna MS, Hermsen JGTh (1979) Unique meiotic behavior in F_1 plants from a cross between a non-tuberous and a tuberous *Solanum* species in section Petota. Euphytica 28:9-15.

Rasmussen JO, Nepper JP, Kirk H-G, Tolstrup K, Rasmussen OS (1998) Combination of resistance to potato late blight in foliage and tubers by intraspecific dihaploid protoplast fusion. Euphytica 102:363-370.

Rice SL, Leadbeater BSC, Stone AR (1985) Changes in cell structure in roots in resistance potatoes parasitized by potato cyst nematodes. I Potatoes with resistance gene *H1* derived from *Solanum tuberosum* ssp. *andigena.* Physiol Plant Pathol 27:219-234.

Sanford LL, Kobayashi RS, Deahl KL, Sinden SL (1996) Segregation of leptines and other glycoalkaloids in *Solanum tuberosum* (*4x*) $\times$ *S. chacoense* (*4x*) crosses. Am Pot J 73:21-33.

Sanford LL, Kowalski SP, Ronning CM, Deahl KL (1998) Leptines and other glycoalkaloids in tetraploid *Solanum tuberosum* $\times$ *Solanum chacoense* F_2 hybrid and backross families Amer J Potato Res 75: 167-172.

Schmiediche PE (1992) The taxonomy of wild potato species and their use in breeding. CIP Research Guide 27. International Potato Center,

Lima, Peru 7pp.

Singh AK, Salamini F and Uhrig H (1989) Chromosome pairing in 14 F_1 hybrids among 11 diploid potato species. J. of Genet and Breed 43:1-5.

Singsit C and Hanneman (1991) Rescuing abortive inter-EBN potato bybrids through double pollination and embryo culture. Plant Cell Rep 9:475-478.

Song J, Dong F and Jiang J (2000) Construction of a bacterial artificial chromosome (BAC) library for potato molecular cytogenetics research. Genome 43:199-204.

Song J, Bradeen JM, Naess SK, Raasch JA, Wielgus SW, Haberlach GT, Liu J, Kuang H, Austin-Phillips S, Buell CR, Helgeson JP, Jiang J (2003) Gene RB cloned from *Solanum bulbocastanum* confers broad spectrum resistance to potato late blight. Proc. Natl Acad Sci USA 100:9128-9133.

Sree Ramulu K (1986) Case histories of genetic variability *in vitro*: potato. Cell Culture and Somatic Cell Genetics of Plants 3:449-473(quoted by Kumar 1994).

Stelly DM and Peloquin SJ (1986) Diploid female gametophyte formation in 24 chromosome potatoes: Genetic evidence for the prevalence of the second meiotic division restitution mode. Can J Genet Ctyol 28:101-108.

Stupar RM, Song J, Tek AL, Cheng Z, Dong F, Jian J (2002) Highly condensed potato pericentromeric heterochromatin contains rDNA-related tandem repeats. Genetics 162:1435-1444.

Swaminathan MS (1954) Nature of polyploidy in some 48 chromosome species of the genus *Solanum*, section tuberosum. Genetics 39:59-76.

Swaminathan MA, Howard HW (1953) The cytology and genetics of potato *Solanum tuberosum* and related species. Bibliogr Genetic 39:1-192 (in Hawkes 1954 pp50)

Świezyński KM, Zimnoch-Guzowska E (2001) Breeding potato cultivars with tuber resistant to *Phytophthora infestans*. Potato Res 44:97-117.

Takkken FLW, Joosten J (2000) Plant resistance genes: their structure, function and evolution. Eur J Plant Pathol 106:699-713.

인용문헌

Tai GCC. (1994) Use of 2n gametes. In: Bradshaw JE, Mackay GR(eds) Potato Genetics. CAB Int. Wallingford, UK, pp109-132.

Thach NQ, Frie U, Wenzel G (1993) Somatic fusion for combining virus resistances in *Solanum tuberosum* L. Theor Appl Genet 85:863-867.

Thieme R, Darsow, Gavrilenko T, Dorokhov D, Tiemann (1997) Production of somatic hybrids between *S. tuberosum* L. and late blight resistant Mexican wild potato species. Euphytica 97:189-200.

Umaerus V, Umaerus M (1994) Inheritance of resistance to late blight. In Bradshaw JE, Mackay GR(eds) Potato Genetics. CAB Int. Wallingford, UK, pp365-401.

Vega SE, Bamberg JB (1995) Screening the US potato collection for frost hardiness. Am Potato J 72:13-21.

Veilleus RE (1985) Diploid and polyploid gametes in crop plants: Mechanisms of formation and utilization in plant breeding. Plant breeding Rev.3:253-288.

Veilleus RE (1990) Anther culture and induction of haploids in a cultivated diploid potato species. In: Bajaj YPS(ed) Biotechnology in Agriculture and Forestry, Vol. 12, Haploids in Crop Improvement. I. Springer-Verlag, Berlin, Heidelberg.

Veilleux RE, McHale NA, Lquer FI (1982) 2n Gametes in diploid *Solanum*: frequency and types of spindle abnormalities. Can J Genet Cytol 24:301-314.

Vogt GE, Rowe PR (1968) Aneuploids from triploid-diploid crosses in the series tuberosa of the Genus *Solanum*. Can J. Genet. Cytol 10:479-486.

Vossen Van der E, Rouppe van der Voort J, Kanyuka K, Bendahmane A, Sandbrink H, Baulcombe D, Bakker J, Stiekema W, Klein-Lankhorst R (2000) Homologues of a single resistance-gene cluster in potato confer resistance to distinct pathogens: a Virus and a nematode. Plant J 23:567-576.

Wagenvoort M (1982) Location of the recessive gene ym (yellow margin) in chromosome 12 of diploid *Solanum tuberosum* by means of trisomic analysis. Theor Appl Genet 61:239-243.

Wagenvoort M, Lange W. (1975) The production of aneudihaploids in

Solanum tuberosum L. Group Tuberosum (the common potato). Euphytica 24:731-741.

Wagenvoort M, Rouwendal GJA, Kuiper-Groenwold G de Vries van, Hulten JPS (1994) Chromosome identification in potato trisomics (2n=2x+1=25) by conventional staining, Giemsa C-banding and non radioactive *in situ* hybridization. Cytologia 59:405-417.

Watanabe KN (1988) Occurrence, frequency , cytology and genetics of 2n pollen: and sexual polyploidization in tuber-bearing *Solanums*. PhD thesis. University of Wisconsin-Madison 267pp.

Watanabe KN, Orrillo M (1994) Disomic behavior of polyploid tuber-bearing *Solanum* species. Jpn J Genet 69:637-643.

Watanabe KN, Orrillo M, Vega S, Valkonen JPT, Pehu E, Hurtado A, Tanksley SD (1995) Overcoming crossing barriers between nontuber-bearing and tuber-bearing *Solanum* species: towards potato germplasm enhancement with a broad spectrum of solanaceous genetic resources. Genome 38: 27-35.

Watanabe KN, Peloquin SJ (1989) Occurrence of 2n pollen and *ps* gene frequencies in cultivated groups and their related wild species in tuber-bearing *Solanums*. Theor Appl Genet 78:329-336.

Watanabe K, Peloquin SJ (1991) The occurrence and frequency of 2n pollen in 2x, 4x, and 6x wild, tuber-bearing *Solanum* species from Mexico, and Central and South America. Theor Appl Genet 82:621-626.

Werner JE and Peloquin SJ (1987) Frequency and mechanisms of 2n egg formation in haploid Tuberosum - wild species F$_1$ hybrids. Am. Potato J. 64:641-654.

Werner JE and Peloquin SJ (1990) Inheritance and two mechanisms of 2n egg formation in hapoid *tuberosum* wild species F$_1$ hybrids. Amer Potato J 64:641-654.

Werner JE and Peloquin SJ (1991) Occurrence and mechanisms of 2n egg formation in 2x potato. Genome 34:975-982.

Williams CE, Wielgus SM, Haberlach GT, Guenther C. Kim-Lee H, Helgeson JP (1993) RFLP analysis of chromosomal segregation in progeny from an interspecific hexaploid somatic hybrid between

Solanum brevidens and *Solanum tuberosum*. Genetics 135:1167-1173.

Wilkinson MJ (1994) Genome evolution in potatoes. In: Bradshaw JE, Mackay GR(eds) Potato Genetics. CAB Int. Wallingford, UK, pp43-67.

Xu YS, Johes MGK, Karp A, Pehu E (1993) Analysis of the mitochondrial DNA of the somatic hybrids of *Solanum brevidens* and *S. tuberosum* using non-radioactive digoxigenin-lablelled DNA probes. Theor Appl Gent 85:1017-1022.

YamadaT, Misoo S, Ishii T, Ito Y, Takaoka K, Kamijima O (1997) chracterization of somatic hybrids between tetraploid *Solanum tuberosum* L and dihaploid *S. acaule*. Breed. Sci 47:229-236.

Yamada T, Hosaka K, Nakagawa K, Misoo S, Kamijima O (1998) Cytological and molecular characterization of BC_1 progeny from two somatic hybrids between dihaploid *Solanum acaule* and tetraploid *S. tuberosum*. Genome 41:743-750.

Yeh BP, Peloquin SJ, Haougas RW (1964) Meiosis in *Solanum tuberosum* haploids and haploid-species F_1 hybrids. Can J Genet Cytol 6:393-402.

Yeh BP, Peloquin SJ (1965) Pachytene chromosomes of the potato(*Solanum tuberosum*, Group Andigena. Am J Bot 52:1014:1020.

Zimnoch-Guzowska E, Marczewski W, Lebecka R, Flis B, Schafer-Pregl R, Salamini F, Gebhardt C (2000) QTL analysis of new sources of resistance to *Erwinia carotovora* ssp. *atroseptica* in potato done by AFLP, RFLP and resistance -gene-like markers. Crop sci 40:1156-1167.

Zimnoch-Guzowska E. Lebecka R, Kryszcuzuk E, Maciejewska U, Szczerbakowa A and Wielgat B (2003) Resistance to *Phytophthora infestans* in somatic hybrids of *Solanum nigrum* L and diploid potato Theor Appl Genet 107:43-48.

A

Acaulia 22
amplified fragment length
polymorphism, AFLP 91

B

BAC library 79, 96, 98, 100, 153
BAC walking 98, 153
bridge cross 115, 153
bulk segregant analysis (BSA)
158

C

chromosome-specific cytogenetic
DNA markers(CSCDMs) 78, 96
Circaeifolia 47
coiled coil-nucleotide binding
site-Leucin rich repeat(CC-NBS-
LRR) 98~153
colorado potato beetle(CPB) 154
Commersoniana 47
Conicibaccata 63
Cuneoalata 47

D

Demissa 22
directional dominace 146
DNA marker(표지) 78, 96
double reduction 92, 137~141

duplex 37, 58, 92, 132, 136, 139,
141, 143

E

endosperm balance number(EBN)
25, 44~46, 53, 61
Erwinia *carotovora* 122, 154
Estolinifera(subsection) 19, 20
Etuberosa(series) 19, 20, 54,
64~65, 115

F

first division restitution(FDR) 40,
146
Fluorescence *in situ*
hybridization(FISH) 78

G

gametohpytic incompatibility 55
General combining ability(GCA)
147
genomic *in situ*
hybridization(GISH) 93
Giemsa 76, 77
Globodera rostochiensis 156
G. pallida 156, 157
Glycoalkaloid 126
Goodrich 148, 149

S

SCA(specific combining
  ability(SCA) 147
second division restitution(SDR)
  33, 37, 40, 42, 43, 113,
  133~137, 140
simplex(Aaaa) 37, 92, 132, 136,
  139, 141
single exchange tetrads(SET) 135,
  136
Solanum acaule 45
Solanum agrimonifolium 24
Solanum ajanhuiri 27
Solanum andigena 26, 28, 72,
  81, 91, 157
Solanum berthaultii 57, 93, 114
Solanum brachycarpum 24
Solanum brevidens 54, 65, 73, 99,
  122, 124, 154
Solanum bulbocastanum 59, 79,
  80, 90, 96~98, 151~153
Solanum canasense 26, 75
Solanum chacoense 27, 37, 43,
  46, 47, 52, 53, 57, 70, 76, 81,
  82, 84, 86, 87, 111, 144, 145,
  154, 155
Solanum circaefolium 152
Solanum clarum 72, 76
Solanum colombianum 24
Solanum commersonii 38, 48, 49,
51, 52, 63, 64, 92, 120~125
Solanum curtilobum 28

Solanum demissum 20, 21, 24,
  46, 51, 70, 91, 149~151
Solanum etuberosum 54, 59, 60,
  65, 73, 74, 93, 94
Solanum fendleri 24, 155, 156
Solanum fernandezianum 54, 65
Solanum gigantophyllum 144
Solanum gourlayi 25, 37, 48, 49
Solanum guerreroense 24
Solanum hougasii 155, 156
Solanum infuldibuliforme 144
Solanum iopetalum 24
Solanum jamesii 70
Solanum juzepczukii 28
Solanum leptophyes 26
Solanum megistacrolobum 27
Solanum microdontum 144
Solanum morelliforme 54, 72
Solanum nigrum 124, 152
Solanum oxycarpum 24
Solanum palustre 73
Solanum papita 150
Solanum paucijungum 24
Solanum phureja
  endosperm belance number
  hybrid 27, 28, 33, 35, 39, 43,
  54~56, 59, 65, 110, 114
Solanum pinnatisectum 59, 60,
  73, 84, 151, 152
Solanum ployadenium 54
Solanum polytrichon 150
Solanum sparsipilum 22,26

용어의 영문번역

가

감자바이러스 X	potato virus X(PVX)
감자바이러스 Y	potato virus Y(PVY)
계통특이저항성	race specific resistance
결실	deletion
고비중	high specific gravity
고형분	total solid
괴경저항성	tuber resistance
괴경휴면	tuber dormancy
교배형	mating type
국제감자연구소	CIP, International Potato Center
근류선충	root knot nematode

나

내고온성	heat resistance
내상성	frost resistant
내서성	heat resistance
내한성	cold resistance
내냉성	cold resistance

다

다가염색체	multiavalent
다유전자	multigene
다인자	polygene
다형성	polymorphism
단가유전자성	hemizygous
단가접합성	hemizygous
단기휴면	shor dormancy
단독중복	endoreduplication
단순3염색체	single trisomics
단위생식	parthenogenesis
단일우성	single dominace
대립인자	allele
동계교배	inbreeding
동결보존	cryopreservation
동소혼성화	in situ hybridization
동위성	homeology
동위염색체	homeologous chromosome

동위효소	isoenzyme
동질배수체	autopolyploid
동질4배체	autotetraploid
동질접합	autosyndesis, autosyndetic pairing

마

무성적 다배체화	asexual polyploidization
무름병	soft rot

바

반수체	haploid
변성	denaturing
복대립인자	multiple allele
복이수체	multiple aneuploid
배구출	embryo rescue
부양용액	floating medium
분자표지	molercular marker
분화	differentiation
불친화성	incompatibility
비상가적 우성	nonadditive dominance
비중	specific gravity

사

4배체	tetraploid
4배체성 유전	tetrasomic inheritance
3가 염색체	trivalent
4가 염색체	quadrivalent
3염색체	trisomics
3중3염색체	triple trisomics
상위성	epistasis
상가적 우성	additive dominace
상호교배	reciprocal cross
색소체	plastid
세척액	rinse medium
세포내 단독중복	endoreduplication
세포융합	cell fusion
세포클론	somaclone
선신세기	pliocene

용어의 영문번역

성적다배체화	sexual polyploidization
소포자	microspore
소포자 형성과정	microsporogenesis
소화액	enzyme digestive medium
수평저항성	horizontal resistance
식물체저항성	foliage resistnace
신호	signal

아

약배양	anther culture
역병	late blight
역위	inversion
연관군	linkage
연관지도	linkage map
염색소립	chromomere
염색분체분리	chromatid segregation
염색체분리	chromosome segregation
웅성불임 세포질	male sterile cytoplasm
유전자원	germplasm
유전자은행	gene bank
융합캘러스	fusion callus
1가 염색체	univalent
1반수체	monohaploid
일반조합능력	general combining ability(GCA)
1배체	monoploid
2가 염색체	bivalent
이계교배	outcross
이동기	diakinesis
이면교배	diallel cross
2반수체	dihaploid
2배체	diploid
2배체성 유전	disomic inheritance
이수체	aneuploid
2n 난자	diplogynoid
2n 소포자	microspore
2n 정자	diplandroid
2중삼염색체	double trisomic
이질배수체	allopolyploid

이질4배체	allotetraploid
이질염색질	heterochromatin
2차접합	secondary pairing
이형성	heteromorphic
1가염색체	univalent
1반수체	monohaploid
일반저항성	general resistance
일반조합능력	GCA, general combining ability
임성회복유전자	restore gene

자

자가불화합성	self incompatibility
자식계통	inbred line
자식성	自殖性, autogamous
자식열세	inbreeding depression
자리이전	transposition
잡종강세	heterosis
제2감수분열퇴행	SDR, second division restitution
제1감수분열퇴행	FDR, first division restitution
잡종강세	heterosis
재분화	redifferenciation
재조합	recombination
전기융합	electro-fusion
전이인자	transposable elements
전좌	translocation
전좌잡종	translocation hybrid
점돌연변이	Point mutation
정배수체	euploid
조정액	conditioning medium
종간잡종	interspecifc hybrid
종내잡종	intraspecific hybrid
중복	duplication
중합효소연쇄반응	PCR(polymeras chain reaction)
진정염색질	euchromatin

차

체세포변이	somatic cell variation
체세포융합	somatic cell fusion

총괴경생산량	TTY, total tuber yield

타

타식성	outbreeder
탈분화	dedifferentiation
태사기	pachytene
특정조합능력	SCA, specific combining ability

파

평동원체역위	paracentric inversion
포장저항성	genral resistance
표자	marker
풋마름병	bacterial wilt
피낭선충	cyst nematode

하

핵형도	idiogram
핵형분석	karyotype analysis
하역병	early blight
형매교배	sibcross
형질전환	transformation
혼성화	hybridize, hybridization
회복유전자	restore gene
화분모세포	pollen mother cell, PMC
화분유래	androgenic
화주장벽	stylar barrier

용어의 한글번역

A

additive dominance	상가적 우성
allele	대립인자
allopolyploid	이질배수체
allotetraploid	이질4배체
androgenic	화분유래
aneuploid	이수체
anther culture	약배양
asexual polyploidization	무성적다배체화
autogamous	자식성
autopolyploid	동질배수체
autotetraploid	동질4배체
autosyndesis	동질접합
autosyndetic pairing	동질접합

B

bacterial wilt	풋마름병
bivalent	2가 염색체

C

chromatid segregation	염색분체분리
chromomere	염색소립
chromosome segregation	염색체분리
CIP	국제감자연구소
cold resistance	내한성, 내냉성
conditioning medium	조정액
cryopreservation	동결보존
cyst nematodes	피낭선충

D

dedifferentiation	탈분화
deletion	결실
denaturing	변성
diakinesis	이동기
diallel cross	이면교배
differentiation	분화
dihaploid	2반수체
diplandroid	2n정자

diplogynoid   2n난자
diploid   2배체
disomic inheritance   2배체성유전
disomic polyploid   2배체성 다배체
disomic tetraploid   2배체성 4kqocp
DNA marker   DNA 표지
double trisomic   2중3염색체
duplication   중복

E
early blight   하역병
electro-fusion   전기융합
embyo rescue   배구출
endoreduplication   단독중복, 세포내단독중복
enzyme digestive medium   소화액
epistasis   상위성
euchromatin   진정염색질
euploid   정배수체

F
FDR(first division restitution)   제1분열 퇴행
FISH(fluorescence in situ hybridization)   형광동소혼성화
floating medium   부양용액
foliage resistance   식물체저항성
frost resistance   내상성
fusion callus   융합캘러스

G
GCA(general combining ability)   일반조합능력
genetic linkage   유전연관군
genetic linkage map   유전연관지도
germplasm   유전자원
germplasm bank   유전자은행
GISH(genomic in situ hybridization)   게놈동소혼성화

H
haploid   반수체

heat resistance	내열성
heat resistance	내서성
heat tolerance	내서성
hemizygous	단가접합성, 단사유전자성
heterochromatin	이질염색질
heteromarphic	이형성
heterosis	잡종강세
high specific gravity	고비중
homeologous chromosome	동위염색체
homeology	동위성
homologous pairing	동형집합
horizontal resistance	수평저항성
hybridization	혼성화

I

inbred line	자식계통
inbreeding	동계교배
inbreeding depression	자식열세
idiogram	핵형도
inbreeding	동계교배
incompatibility	불친화성
in situ hybridization	동소혼성화
interspecific hybrid	종간잡종
intraspecific hybrid	종내잡종
inversion	역위
isozyme	동위효소

K

| karyotype | 핵형 |

L

| late blight | 역병 |
| linkage map | 연관지도 |

M

male strile cytoplasm	웅성불임세포질
marker	표지
mating type	교배형

microsporogenesis	소포자형성
microspre	소포자
molecular marker	분자표지
monohapoid	1반수체
monoploid	1배체
multiple allele	복대립인자
multiple aneuploid	복이수체
multigene	다유전자
multivalent	다가 염색체

N

nonadditive dominance	비상가적 우성

O

out breeder	타식성
outcross	이계교배

P

pachytene	태사기
pairing	접합
paracentric inversion	평동원체역위
parthnogenesis	단위생식
PCR(polymerase chain reaction)	중합효소연쇄반응
PMC(pollen mother cell)	화분모세포
Pliocene	선신세기
point mutation	점돌연변이
polygene	다인자
polymorphism	다형성
PVX(potato virus X)	감자바이러스 X
PVY(potato virus Y)	감자바이러스 Y
PLRV(potato leaf roll virus)	감자잎말림 바이러스

Q

quadrivalent	4가 염색체

R

race specific resistance	계통특이저항성
reciprocal cross	상호교배

redifferentiation   재분화
restore gene   임성회복유전자
rinse medium   세척액
root knot nomatode   근류선충

S

SCA(specific combining ability)   특정조합능력
SDR(second division restitution)   제2분열퇴행
secondary association   이차접합
self incompatibility   자가불화합성
sexual polyploidization   성적다배체학
sibcross   형매교배
signal   신호
single dominance   단일우성
single trisomics   단순3염색체
soft rot   무름병
somaclone   세포클론
stylar barrier   화주장벽

T

tetraploid   4배체
tetrasomic   4배체성
tetrasomic inheritance   4배체성 유전
tetrasomic polyploid   4배체성 다배체
tetrasomic tetraploid   4배체성 4배체
total solid   고형분
translocation   전좌
translocation hybrid   전좌잡종
transposition   자리이전, 전이
transposable elements   전이인자
triple trisomics   3중3염색체
trisomics   3염색체
trivalent   삼가 염색체
tuber dormancy   괴경휴면
tuber resistance   괴경저항성

U

univalent   1가 염색체

지은이의 감자에 관한 논문 목록

Heiyoung Kim-Lee, J.S. Moon, Y.J. Hong, M.S. Kim, H.M. Cho. 2005. Bacterial wilt resistnace in the progenie4s of the fusion hybrids between haploid potato and Solanum commersonii. Amer J. Potato Res 82:129-137.

안율균, 김혜영, 윤무경, 박효근. 2001. *Solanum tuberosum* ('Superior)과 역병 저항성인 *S. bulbocastanum*과의 원형질체 융합에 의한 감자 종간 체세포잡종 식물체 생산의 특성검정. 한육지 33(4):294-299

안율균, 강주창, 김혜영, 이승돈, 박효근. 2001. *Solanum brevidens*과 *S. tuberosum*('수미 '.' 대지 ',' 수미 '반수체)의 종간 체세포잡종 식물체에 대한 검은줄기썩음병 무름병 저항성. 한국원예학회지 42(4): 430-434.

안율균, 김혜영, 최학순, 김기택, 박효근. 2001. 재배종 감자(*Solanum tuberosum*)와 야생종(*S. brevidens*)과의 종간 체세포잡종 식물체 생산. 한국원예학회지 42(4): 420-424.

안율균, 김혜영, 윤진영, 박효근. 2001. 감자 엽조직 원형질체로부터 식물체 재분화. 한국원예학회지 42(4): 415-419.

김혜영, 조현묵, 함영일, 박윤경 1999. 감자에서 야생근연종을 이용한 역병저항성 야생종 개체와 잡종의 선발. 한육지 31(4):348-355

조현묵, 김혜영, 엄영현, 김정간 1997. 재배종 감자반수체와 근연야생종간 교잡에서 Endosperm Balance Number(EBN)의 영향. 한육지 29(2):154-161.

Heiyoung Kim, Hyun Mook Cho, Young Il Hahm, Yoon Kyung Park 1999. Selection of late Blight Resistant Clones and Hybrids with wild potato related species.Kor.J.Breed.31(4):348-355. 김혜영, 조현묵, 함영일, 박윤경 1999. 감자에서 야생근연종을 이용한 역병저항성 야생종 개체와 잡종의 선발. 한육지 31(4):348-355

Hyun Mook CHo, Heiyoung Kim-Lee, Young Hyun Om and Jung Kan Kim 1997. Influence of endosperm balance number(EBN) in interploidanand interspecific crosses between Solanum tuberosum dihaploids and wild species. Kor. J. Breed.29(2):154-161.

조현묵, 김혜영, 엄영현, 김정간 1997. 재배종 감자반수체와 근연야생종간 교잡에서 Endosperm Balance Number(EBN)의 영향. 한육지 29(2):154-161.

Un-Haing Cho, HyunMook Cho, Heiyoung Kim 1996. Detection of genetic variationand gene introgression in potato dihaploids using randomly amplified polymorphic DNA(RAPD) markers. J. Plant Biology.39(3):185-188.

Heiyoung Kim Lee, M.S.Chae 1995. Studies of plant characteristics and bacterial wilt resistance of somatic fusion bybrids of resistant Solanum commersonii and susceptible S. tuberosum clones. Proc. 4th APA triennial Conf. (July 5-7,1994, Daekwanryeong, Korea) vol 2:156-162.

H.M.Cho, S.Y.Ahn, H.Y.Kim-Lee, I.G.Mok 1995. Genetic diversification through interspecific crosses between Solanum tuberosum haploids and wild species potatoes. Proc. 4th APA triennial Conf. (July 5-7,1994, Daekwanryeong, Korea) vol 2:137-139.

H.M.Cho, H.Y.Kim, I.G.Mok 1995. Dihaploid induction through tetraploid x diploid cross in potatoes.J. Kor. Coc. Hort. Sci. 36(2)158-165.

U.H. Cho, H.M.Cho, H.Y. Kim 1995. Detection of genetic variation and gene introgression in potato dihaploids using random;y amplified polymorpic DNA markers. 50th Annual Meeting of the Korean Association of Biological Sciences Abstracts. F 826.

J.M.McGrath, S.M.Wielgus, T.F.Uchytil, H.Y.Kim-Lee, G.T.Haberlach, C.E.Williams and J. P. Helgeson. 1994. Recombination of Solanum brevidens chromosomes in the second backcross generation from a somatic hybrid with S. tuberosum. Theor. Appl. Gen. 88:917-924.

C.E.Williams, S.M.Wielgus, G.T.Haberlach, C.Guenther, H.Y.Kim-Lee, J.P.Helgeson 1993. RFLP analysis of chromosomal segregation in progeny from an interspecific hexaploid somatic hybrid between Solanum brevidens and S. tuberosum. Genetics 135:1167-1173.

지은이의 감자에 관한 논문 목록

H.M. Cho, H.Y.Kim-Lee and I.G.Mok 1993 Induction of haploids through parthenogenesis in potato III. selection of haploids by pigment markers on seed and plant. Korean J. Breeding 25;1-11.

D.R. Choi, I.G.Mok, H.Y. Kim 1991. Identification of potato cultivars an clones by electrophoresis patterns of tuber proteins and isozymes. J. Korean Soc. Hort. Sci.32;23-28.

Heiyoung Kim Lee, I.G. Mok, B.H.Han 1987 Development of first division restitution and synaptic mutant clones for potato breeding. Korean J. of Breeding 19.259-267.

Heiyoung Kim 1985 Studies on 2n gametophyte producing diploid potato clones. Korean J.Crop Sci. 30,455-459.

K.S. Koh, Heiyoung Kim 1984. Studies on potato pollen fertility affected by short-storage and quantity of fertilizer. Dongguk Univ. J. Agric.& Fores. Sci.9,93-105

U.H.Cho, Heiyoung Kim 1984 Cytological and histological studies on the amle sterility of potato Solanum tuverosum L.cv.Irish Cobbler. J. Korean Soc.Hort. Sci.25,218-226.

Heiyoung Kim. 1982 Breeding for high yield potatoes with crosses of tetraploids and diploid FDR clones. Korean J. Breeding 14,182-186.

Heiyoung Kim Lee, R.E. Hanneman Jr 1982 Cytology of chromosome II Trisomics and a spontaneously doubled trisomic in the tuber-bearing Solanum species. Can.J. Genet. Cytol.24,213-218.

H.B.Kim, Heiyoung Kim 1980 A study on the heterosis breeding of wheat. Dongguk Univ.J.Agric.& Fores. Sci.6,1-12.

Heiyoung Kim 1979 Utilization of haploidy in plant breeding. Dongguk Univ. J. Agric.& Fores.Sci.5,7-17.

Heiyoung Kim Lee, H.T.Erickson 1979 Utilization of tuber-bearing Solanum triploids in studies of species differentiation. Korean J. Botany 22,71-80.

Heiyoung Kim Lee, H.T. Erickson 1979 Production of triploids and tetraploids by tetraploid x diploid crosses in tuber-bearing Solanum species. Korean J. Breeding 11,120-126.

H.G. Kim, H. B. Kim and H. Y. Kim 1978. Breeding high yield varieties of potato by interspecific hybtidization. Kor. J. Breeding 10(2)89-94.

Heiyoung K. Lee R.W. Ruhde 1976 Genetic segregation of the deformed flower gene in trisomics of solanum chacoense. Euphytica 25,313-320

Heiyoung K. Lee, R.E.Hanneman Jr. 1976 Identification of the extra chromosomes in giemsa stained somatic cells of pachytene identified trisomics of Solanum chacoense. Can J. Genet. Cytol18,297-302

Heiyoung K. Lee, P.R. Rowe 1975 Genetic segregation of trisomics in Solanum chacoense. J.Heredity 66,131-136.

Heiyoung K. Lee, P.R. Rowe 1975 Trisomics in Solanum Chacoense: Fertility and Cytology. Amer. J. Bot. 62,593-601.

R. Kessel, Heiyoung K. Lee, P. R. Rowe 1975 Production od intraspecific aneuploids in the genus Solanum. III. intraspecific aneuploids.Euphytica 24,585-595.

D.W.S.Mok, Heiyuoung K.Lee, S. J. Peloquin 1974 Identification of potato chromosomes with giemsa. Amer. Potato J. 51,337-341.

Heiyoung KimLee, R.Kessel, P.R. Rowe 1972 Multiple anduploids from interspecific crosses in Solanum:fertility and cytology. Can. J.Genet.Cyto. 14,533-543.

감자의 유전학
세포유전학을 중심으로

초판 1쇄 인쇄　2005년 8월 25일
초판 1쇄 발행　2005년 9월 05일

지은이　김혜영

펴낸곳　지오북(**GEO**BOOK)
펴낸이　황영심
디자인　정해욱

주소　서울시 종로구 내수동 72
경희궁의아침 오피스텔 3단지 1215호
Tel_ 02-732-0337
Fax_ 02-732-9337
eMail_ geo@geobook.co.kr
www.geobook.co.kr

출판등록번호　제300-2003-211
출판등록일　2003년 11월 27일

ⓒ 김혜영 2005
지은이와 협의하여 검인은 생략합니다.

사진 도움주신 분　CIP, 임학태

ISBN 89-955049-4-3 93470